SABER HACER contigo

3 PRIMARIA Matemáticas

El libro **Matemáticas** para el 3.er curso de Primaria es una obra colectiva concebida, diseñada y creada en el Departamento de Ediciones Educativas de Santillana Educación, S. L., dirigido por **Teresa Grence Ruiz**.

En su elaboración ha participado el siguiente equipo:

TEXTO Y EDICIÓN
José Antonio Almodóvar Herráiz
Pilar García Atance
Domingo Sánchez Figueroa
Magdalena Rodríguez Pecharromán

ILUSTRACIÓN
José Luis Ágreda Yécora
Enrique Flores
Eduardo Leal Uguina

EDICIÓN EJECUTIVA
José Antonio Almodóvar Herráiz

DIRECCIÓN DEL PROYECTO
Domingo Sánchez Figueroa

DIRECCIÓN Y COORDINACIÓN
EDITORIAL DE PRIMARIA
Maite López-Sáez Rodríguez-Piñero

Las actividades de este libro no deben ser realizadas en ningún caso en el propio libro. Las tablas, esquemas y otros recursos que se incluyen son modelos para que el alumnado los traslade a su cuaderno.

SANTILLANA

SABER HACER contigo

Presentación del proyecto

Saber Hacer cumple cuatro años. Es un proyecto de éxito, pero, como la realidad educativa es cambiante, ha llegado el momento de actualizarlo. Por eso ha nacido **Saber Hacer Contigo**.

Saber Hacer Contigo incorpora importantes innovaciones metodológicas y pedagógicas que los docentes nos han reclamado para su práctica educativa, de ahí su nombre. El objetivo primordial es desarrollar en el alumnado las capacidades imprescindibles para los futuros ciudadanos y ciudadanas del siglo XXI:

Las habilidades de comunicación

La comunicación es uno de los ejes esenciales del proyecto. A través de diferentes programas, presentes en todas las áreas, se trabajan las destrezas comunicativas:

- **Tiempo para hablar.** Comunicación oral.
- **Tiempo para leer.** Competencia lectora.
- **Tiempo para escribir.** Comunicación escrita.

Las destrezas de pensamiento

Aprender a pensar y desarrollar el razonamiento lógico son otros de los ejes de Saber Hacer Contigo. Para ello se trabajan aquellas estrategias y rutinas que son necesarias para lograr un aprendizaje autónomo y eficaz, con el objetivo de que los alumnos y las alumnas adquieran habilidades de pensamiento de orden superior:

- Fortalecer la comprensión y sintetizar las ideas más importantes.
- Retener y recordar la información.
- Interrelacionar conocimientos entre sí.

La interiorización de estas estrategias y rutinas facilitará el control del pensamiento y una mayor eficacia a la hora de aplicar los nuevos conocimientos. A lo largo de las unidades se incluye una sección destinada al entrenamiento del pensamiento, que se destaca con un **sombrero de color azul**.

La inteligencia emocional

La educación de las emociones es esencial para la educación integral del alumnado. Los objetivos fundamentales que se plantean en Saber Hacer Contigo versan en torno a estos aspectos:

- La identificación de las emociones propias y ajenas.
- La autogestión y la regulación emocional.
- La expresión de las emociones.
- Las habilidades sociales y la empatía.

Un **sombrero de color rojo** enmarca las actividades y propuestas encaminadas de forma específica al desarrollo de la inteligencia emocional.

La creatividad

La creatividad implica tener una imaginación viva, ser capaz de adaptarse a diferentes contextos y dar respuestas originales a situaciones o problemas inesperados. En nuestros libros se trabajan básicamente estas capacidades:

– La búsqueda de estrategias personales e innovadoras.

– La utilización de formas creativas de expresión.

Las actividades que implican poner en juego la creatividad de manera especial se identifican con un **sombrero de color verde**.

El trabajo cooperativo

Con el objetivo de que los alumnos y las alumnas desarrollen su capacidad de cooperar y sean capaces de trabajar juntos para alcanzar un objetivo común, en este proyecto se proponen actividades que requieren diferentes niveles de agrupamiento:

– Trabajo por parejas.

– Trabajo en equipo.

– Trabajo en grupo-clase.

Estas actividades se identifican con distintos iconos.

Además, al finalizar cada trimestre se incluye un pequeño proyecto denominado **Cooperamos**, en el que se ponen en juego diferentes técnicas de aprendizaje cooperativo.

La autorregulación del aprendizaje

En Saber Hacer Contigo el alumnado tiene un papel activo en el proceso de enseñanza y se promueve la reflexión personal sobre su propio aprendizaje, para mejorar el conocimiento de sí mismos y detectar fortalezas y debilidades.

A lo largo de las unidades se incluyen pequeñas rúbricas para que los alumnos y alumnas tomen conciencia de lo que han aprendido y valoren cómo lo han hecho.

Por último, atendiendo a los últimos avances de la neurociencia, Saber Hacer Contigo incorpora una propuesta de **GAMIFICACIÓN** para activar la emoción y la curiosidad del alumnado, grandes palancas del aprendizaje. En el proyecto se ofrecen dinámicas propias del juego que ayudarán a transformar el aula, creando un ambiente estimulante y motivador.

Índice

Cuadro de contenidos

Solución de problemas	Cálculo mental	Saber hacer	Matemáticas manipulativas
• Pasos para resolver un problema	• Sumar decenas y centenas • Restar decenas y centenas	• Analizar publicidad	• Juega con los números
• Reconstruir el enunciado	• Sumar decenas a números de 2 cifras • Restar decenas a números de 2 cifras	• Analizar datos hoteleros	• Juega con sumas y restas
• Completar enunciados	• Sumar 11 a números de dos cifras • Restar 11 a números de dos cifras	• Describir caminos en un plano	• Juega con los ángulos
• Sacar conclusiones de un enunciado	• Sumar 9 a números de dos cifras • Restar 9 a números de dos cifras	• Calcular precios	• Juega con las tablas de multiplicar
• Averiguar e inventar el dato que falta	• Multiplicar un número de una cifra por decenas, centenas y millares	• Organizar un viaje	• Juega con las multiplicaciones
• Averiguar el dato que sobra e inventar una pregunta	• Multiplicar un número de dos o tres cifras por 10, 100 y 1.000 • Multiplicar decenas y centenas por decenas	• Planificar repartos	• Juega con los repartos
• Ordenar los datos	• Hallar el doble de un número de dos cifras	• Organizar actividades	• Juega con las divisiones
• Extraer datos de la resolución de un problema	• Calcular la mitad de decenas y centenas	• Describir formas geométricas	• Juega con los polígonos
• Elegir las preguntas que se pueden responder	• Calcular la mitad de un número de dos o tres cifras con todas las cifras pares	• Recubrir una terraza	• Juega con las fracciones
• Elegir la pregunta que se responde con unos cálculos	• Sumar 21 a números de dos cifras • Restar 21 a números de dos cifras	• Planificar envíos	• Juega con las medidas
• Elegir la pregunta para problemas de dos operaciones	• Sumar 101, 201… • Restar 101, 201…	• Averiguar qué tiempo hará a una hora	• Juega con las horas
• Elegir la solución más razonable	• Sumar 99, 199… • Restar 99, 199…	• Elegir la mejor forma	• Juega con cuerpos geométricos

Símbolos utilizados en este libro

Indica las actividades en las que trabajarás junto con tu compañero o compañera.

Para realizar estas actividades, tendrás que trabajar en equipo.

Sombreros de colores

Es el sombrero del pensamiento. Te lo pondrás para reflexionar y sacar conclusiones.

Es el sombrero de la creatividad. Con él pondrás en juego tu imaginación para aportar ideas originales.

Es el sombrero de las emociones. Lo usarás para expresar lo que sientes y ponerte en el lugar de los demás.

Comenzamos

- ¿Has hecho fotos de tus vacaciones este verano? ¿Eran más de 100 o menos?
- ¿Has usado los números en alguna situación? ¿Cuántas cifras tenían esos números?
- ¿En qué momentos has usado las operaciones? ¿Te acordabas de cómo se hacían?
- ¿A qué hora te levantabas? ¿Cuándo te ibas a dormir? ¿Cómo se escriben esas horas?

Comenzamos

1 **Observa el ejemplo y escribe la descomposición y cómo se lee cada número.**

125 = 1 centena + 2 decenas + 5 unidades = 100 + 20 + 5
125 ▶ ciento veinticinco

- 267
- 573
- 615
- 734
- 802
- 940

2 **Escribe en tu cuaderno cada número y cómo se lee.**

5 D + 8 U = 58 ▶ cincuenta y …

3 **Ordena cada grupo de números como se indica.**

DE MENOR A MAYOR
87 352 78 325

… < … < … < …

DE MAYOR A MENOR
726 762 627 72 672

… > … > … > … > …

4 **Coloca los números y calcula en tu cuaderno.**

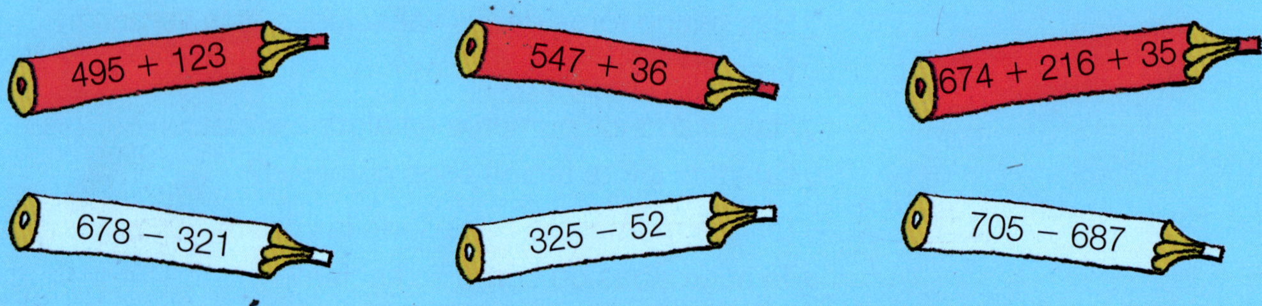

5 **Coloca los números en tu cuaderno y multiplica.**

- 43 × 2
- 32 × 3
- 52 × 4
- 71 × 5
- 61 × 7
- 90 × 8
- 321 × 3
- 102 × 4

6 **Dibuja y escribe la división.**

- Reparte en partes iguales 15 chinchetas en 3 cajas.

  ... : ... = ...

- Reparte en partes iguales 24 caramelos en 4 botes.

  ... : ... = ...

7 **Cuenta y escribe el número de lados y de vértices de cada polígono.**

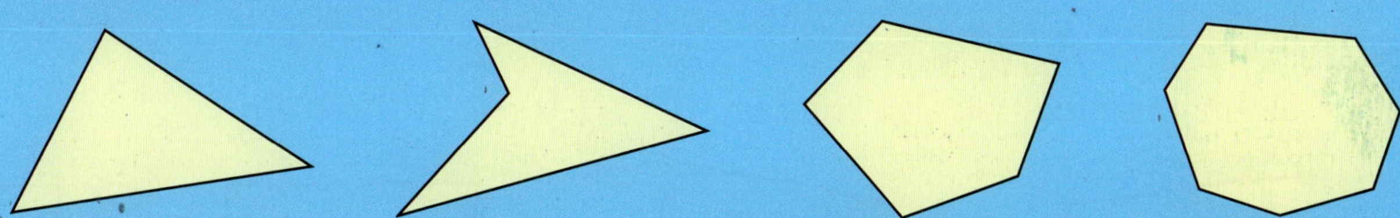

Lados ▶ ...	Lados ▶ ...	Lados ▶ ...	Lados ▶ ...
Vértices ▶ ...	Vértices ▶ ...	Vértices ▶ ...	Vértices ▶ ...

8 **Escribe el nombre de cada cuerpo geométrico.**

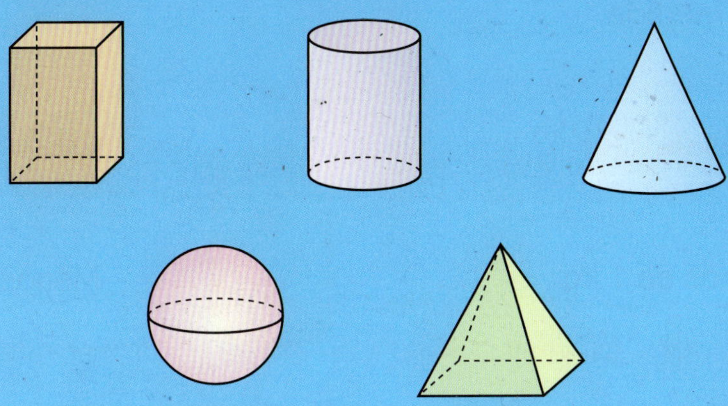

9 **Dibuja en tu cuaderno el dinero que entrega cada persona.**

- María compra un rotulador que cuesta 2 euros y 70 céntimos. ¿Qué monedas entrega?

- Luis compra una entrada de cine que cuesta 6 €. ¿Qué dinero entrega?

10 **Escribe la hora que marca cada reloj.**

11 **Calcula cuántos centímetros son.**

1 m y 12 cm

2 m y 6 cm

3 m y 24 cm

4 m y 70 cm

1 m y 12 cm = … cm + … cm = … cm

12 **Estima y escribe la mejor medida.**

Más de 1 kg

Menos de 1 kg

Más de 1 ℓ

Menos de 1 ℓ

13 **Lee y resuelve en tu cuaderno.**

- En una piscina hay 95 adultos y 78 niños. ¿Cuántas personas hay en total?

- De los 95 adultos, 34 son hombres y el resto mujeres. ¿Cuántas mujeres hay en la piscina?

- En un parque infantil hay 12 niñas y 3 niños menos que niñas. ¿Cuántos niños y niñas hay en total en el parque?

- Mario ha vendido 74 helados a 2 euros cada uno. ¿Cuánto dinero ha obtenido por la venta de todos los helados?

- María ha comprado un mando y lo ha pagado con 7 billetes de 5 euros y 3 monedas de 1 euro. ¿Cuánto costaba el mando?

Cálculo mental

Suma decenas y centenas

70 + 60 = 130   20 + 70   40 + 60

50 + 30   70 + 50

300 + 600 = 900   400 + 300   700 + 200

200 + 600   500 + 300

Resta decenas y centenas

70 − 20 = 50   40 − 20   70 − 50

50 − 30   80 − 60

800 − 300 = 500   600 − 200   400 − 100

800 − 400   900 − 500

Un número, varias sumas o varias restas

Escribe tres sumas y tres restas cuyo resultado sea cada número.

- 60
- 30
- 500
- 600

Pequeños problemas

Calcula mentalmente

1. En un almacén había 800 cajas de peras. Hoy se ha llevado un camión 500 cajas. ¿Cuántas cajas quedan?

2. En un autobús iban 40 personas. En la primera parada se bajaron 10 y subieron 20 personas más. ¿Cuántas personas viajan ahora en el autobús?

¿Qué sabes ya?

Las unidades, las decenas y las centenas

1 unidad ▸ 1 U

C	D	U
		1

1 se lee uno.

1 decena ▸ 1 D = 10 U

C	D	U
	1	0

10 se lee diez.

1 centena ▸ 1 C = 100 U

C	D	U
1	0	0

100 se lee cien.

1 **Completa en tu cuaderno.**

- 2 decenas = … unidades
- 9 centenas = … unidades

2 **¿Cuántas unidades son?**

- 2 D y 8 U
- 6 D y 4 U
- 5 C y 7 D
- 9 C y 1 U

1 Números de cuatro y cinco cifras

Tiempo para hablar

- ¿Cuántos metros de longitud tiene el crucero Ligero? ¿Y el Delfín?
- ¿Qué cruceros miden más de 70 m de longitud?
- ¿Qué crucero tiene mayor longitud? ¿Y menor longitud?
- Utiliza las palabras *decena* y *unidades* y explica las diferencias entre las longitudes de los cruceros Ligero y Bahía.

SABER HACER

Analizar publicidad.

Números de tres cifras

Para celebrar el comienzo del curso, en el colegio de Miguel hay una fiesta de bienvenida. Asisten 253 personas en total.

El número 253 tiene tres cifras.

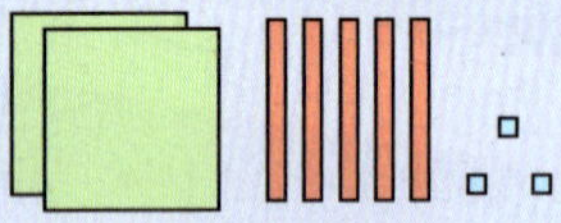

C	D	U
2	5	3

253 = 2 C + 5 D + 3 U

253 = 200 + 50 + 3

253 se lee doscientos cincuenta y tres.

Los números de tres cifras están formados por centenas, decenas y unidades.

1 Completa en tu cuaderno.

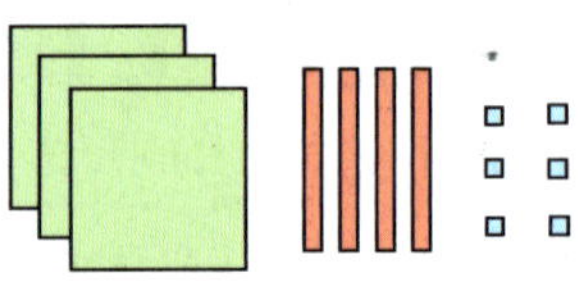

C	D	U

346 = … C + … D + … U

346 = … + … + …

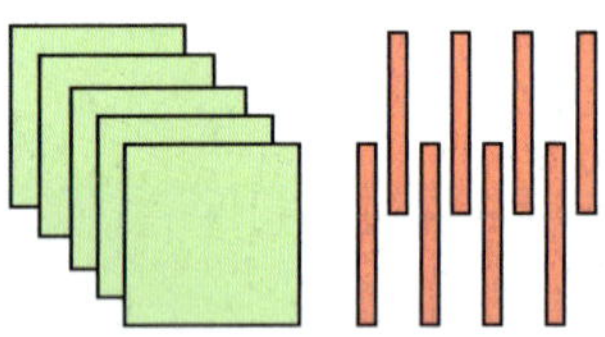

C	D	U

… = … C + … D

… = … + …

2 Observa el ejemplo y descompón cada número representado en el ábaco.

EJEMPLO

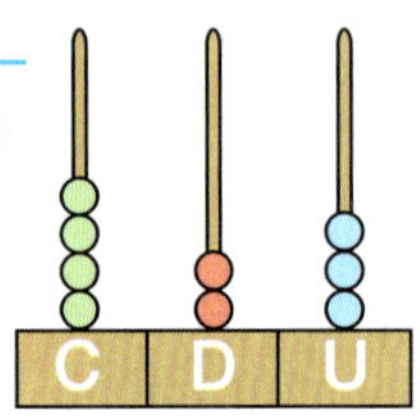

4 C + 2 D + 3 U

400 + 20 + 3

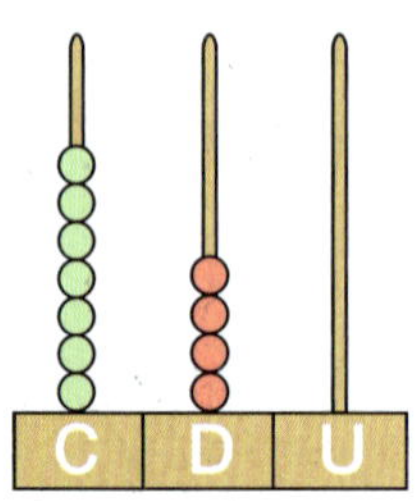

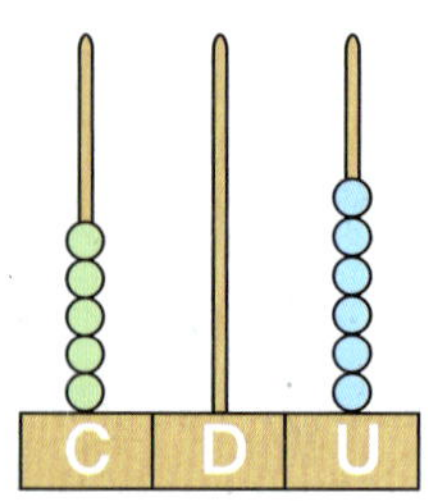

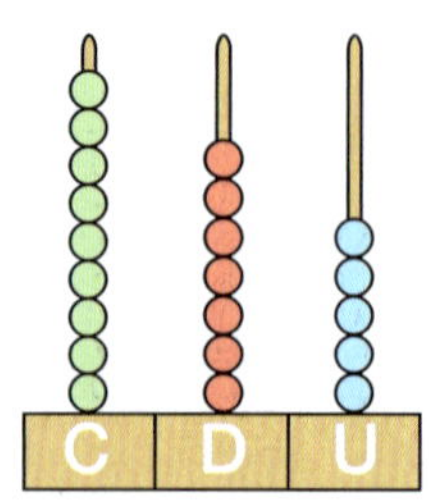

3 Copia los números en tu cuaderno y rodea.

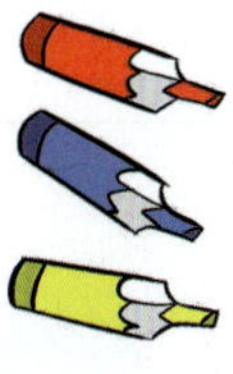

El valor en unidades de su cifra 8 es igual a 8.

El valor en unidades de su cifra 8 es igual a 80.

El valor en unidades de su cifra 8 es igual a 800.

4 Escribe con letras o con cifras cada número.

- Doscientos setenta y dos.
- Quinientos noventa y siete.
- Ochocientos cincuenta.
- Novecientos ocho.

Problemas

5 Lee y resuelve.

Un grupo de amigos ha ido a la estación de autobuses.
Ana tiene que coger el autobús setecientos cincuenta.
Borja coge el autobús seiscientos nueve.
Victoria toma el autobús novecientos dieciséis.
Mario espera el autobús ochocientos diecinueve.

- ¿De qué color es el autobús que coge cada amigo?
- ¿Qué número tiene el otro autobús que hay en la estación? Escribe cómo se lee.

CREATIVIDAD

Asigna a cada número del 0 al 9 una palabra. Después, escribe números que formen una frase.

EJEMPLO

0 Estrella 1 Blanca 2 Grande …

102 → Blanca estrella grande

Números de cuatro cifras

Hoy se ha estrenado la nueva función de circo y ha sido un éxito.
¿Cuántas entradas se han vendido en total?

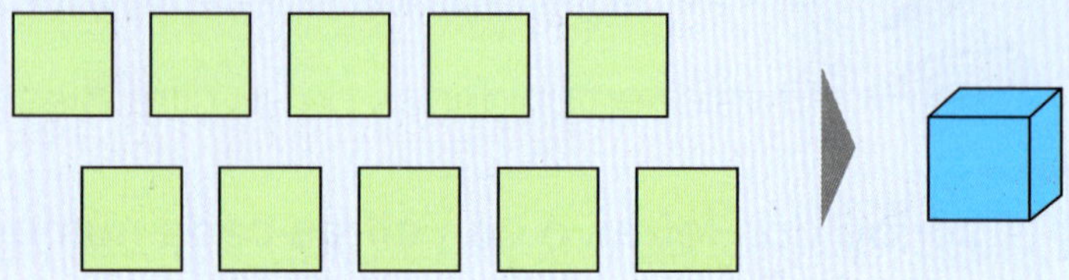

10 centenas = 1 **unidad de millar** o 1 **millar**

10 C = 1 UM

UM	C	D	U
1	0	0	0

1 UM = 1.000 U

1.000 se lee mil.

10 centenas = 1 unidad de millar = 1.000 unidades **1.000 se lee mil.**

1 **Copia y completa en tu cuaderno.**

- 30 centenas = … unidades de millar
- 40 centenas = … unidades de millar
- 60 centenas = … unidades de millar
- 90 centenas = … unidades de millar

2 **Escribe cuántas unidades son y cómo se lee el número.**

- 2 unidades de millar.
- 3 unidades de millar.
- 5 unidades de millar.
- 6 unidades de millar.
- 8 unidades de millar.
- 9 unidades de millar.

EJEMPLO
4 unidades de millar = 4.000 U
4.000 se lee cuatro mil.

3 **Descompón cada número y escribe cómo se lee.**

EJEMPLO
1.483

UM	C	D	U
1	4	8	3

1.483 = 1 UM + 4 C + 8 D + 3 U
1.483 = 1.000 + 400 + 80 + 3

1.483 se lee mil cuatrocientos ochenta y tres.

- 3.987
- 2.050
- 4.103
- 6.320

4 **Escribe con letras o con cifras cada número.**

Con letras
- 2.786
- 4.915
- 6.098
- 8.590
- 9.206
- 9.009

Con cifras
- Tres mil doscientos veinte.
- Siete mil setecientos.
- Siete mil quinientos veintidós.
- Nueve mil cuarenta y tres.

5 **Compara cada pareja de números y escribe el signo correspondiente.**

HAZLO ASÍ

Compara 1.483 y 1.490

UM	C	D	U
1	4	8	3
1	4	9	0

1 = 1
4 = 4
8 < 9
▼
1.483 < 1.490

- 3.987 y 4.002
- 7.140 y 7.129
- 8.392 y 8.397
- 5.296 y 5.301
- 6.357 y 6.341
- 9.035 y 9.053

Problemas

6 **Resuelve.**

- Leandro ha recibido hoy en su librería material nuevo:
  - 1 caja con 1.000 carpetas y 2 cajas con 100 cada una.
  - 1 caja con 1.000 lápices y 6 cajas con 100 cada una.
  - 2 cajas con 1.000 cartulinas cada una y 3 cajas con 100.
  - 3 cajas con 1.000 clips cada una y 2 cajas con 100.

  ¿Cuántas unidades de cada artículo ha recibido?

- Para la construcción de un gimnasio han llevado 9 contenedores con 1.000 ladrillos cada uno, 8 contenedores con 100 ladrillos y 7 contenedores con 10. ¿Cuántos ladrillos han llevado?

7 **Piensa y contesta.**

El peso máximo que se puede cargar en un ascensor es mayor que 1.450 kg y menor que 1.455 kg. La suma de las cifras del peso máximo es igual a 13. ¿Cuántos kilos se pueden cargar, como máximo, en el ascensor?

Números de cinco cifras

Jorge ve cómo cargan en un barco 10 contenedores de 1.000 kilos cada uno.

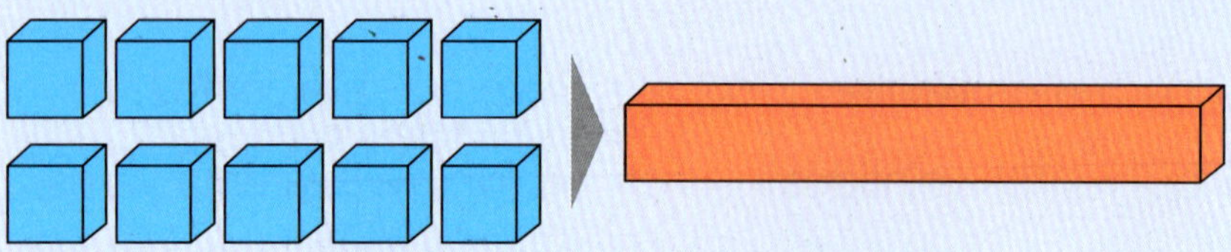

10 unidades de millar = 1 **decena de millar**

10 UM = 1 DM

DM	UM	C	D	U
1	0	0	0	0

1 DM = 10.000 U

10.000 se lee diez mil.

10 unidades de millar = 1 decena de millar = 10.000 unidades
10.000 se lee diez mil.

1 Descompón cada número y escribe cómo se lee.

EJEMPLO 25.785

DM	UM	C	D	U
2	5	7	8	5

25.785 = 2 DM + 5 UM + 7 C + 8 D + 5 U
25.785 = 20.000 + 5.000 + 700 + 80 + 5
Veinticinco mil setecientos ochenta y cinco.

- 26.789
- 32.650
- 80.010
- 20.600
- 45.003
- 70.090

2 Escribe con cifras cada número.

- Doce mil ciento veintiuno.
- Setenta y dos mil trece.
- Ochenta y cuatro mil dos.

3 Compara y escribe el signo correspondiente.

HAZLO ASÍ

Compara 23.567 y 20.165

2 = 2
3 > 0

23.567 > 20.165

- 18.920 y 32.560
- 34.780 y 39.000
- 48.980 y 48.760
- 60.700 y 61.000
- 53.651 y 53.650
- 85.605 y 85.650
- 90.210 y 90.201
- 74.999 y 75.002

Varios colegios han organizado una carrera. Observa en qué orden llegaron los 20 primeros alumnos clasificados.

1.º Primero.	11.º Undécimo.
2.º Segundo.	12.º Duodécimo.
3.º Tercero.	13.º Decimotercero.
4.º Cuarto.	14.º Decimocuarto.
5.º Quinto.	15.º Decimoquinto.
6.º Sexto.	16.º Decimosexto.
7.º Séptimo.	17.º Decimoséptimo.
8.º Octavo.	18.º Decimoctavo.
9.º Noveno.	19.º Decimonoveno.
10.º Décimo.	20.º Vigésimo.

Los números ordinales indican el orden o la posición.

1 Fíjate en el cuadro y escribe en tu cuaderno cómo se lee cada número ordinal.

- 4.º
- 8.º
- 10.º
- 11.º
- 12.º
- 14.º
- 17.º
- 19.º
- 20.º

2 Lee y contesta en tu cuaderno.

Silvia vive en el piso decimotercero. Su amiga Clara vive tres pisos por encima de ella, y su amigo Raúl, dos pisos por debajo. ¿En qué piso vive Clara? ¿En cuál vive Raúl?

3 Fíjate en el cartel y resuelve.

- ¿Cuántos premios dieron en el concurso de cuentos?
- María recibió un premio de 50 €. ¿En qué dos puestos pudo quedar?
- ¿En qué puestos quedaron las cuatro personas que recibieron un premio de 20 €?
- ¿En qué puestos quedaron las cinco personas que recibieron un premio de 10 €?

CONCURSO DE CUENTOS

1 premio de 120 €
2 premios de 50 €
4 premios de 20 €
5 premios de 10 €

Aproximaciones

En un carril para bicicletas hay un poste cada 100 metros.
Julio está a 327 metros de la salida.
¿Dónde encontrará el poste más cercano?

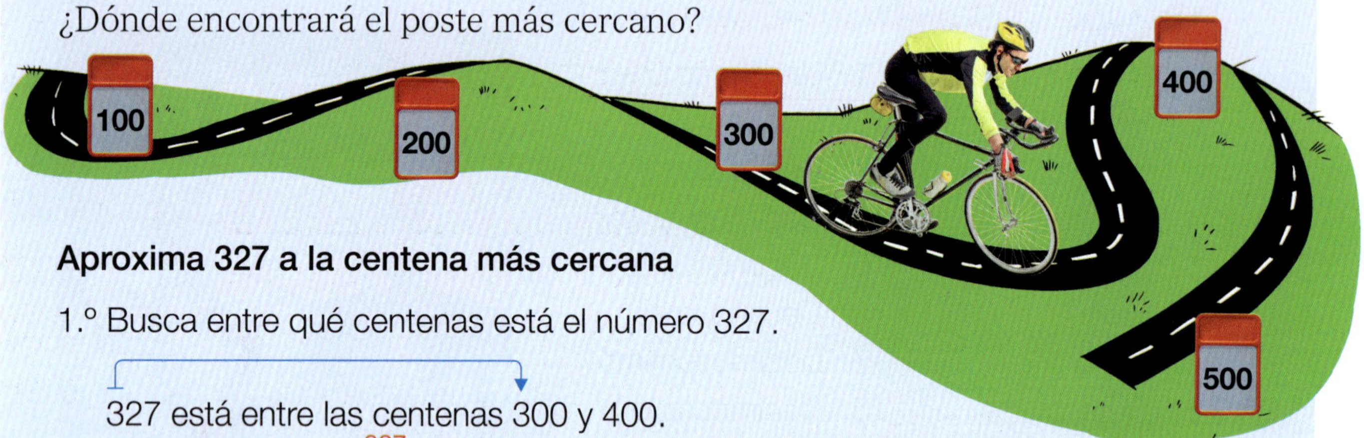

Aproxima 327 a la centena más cercana

1.º Busca entre qué centenas está el número 327.

327 está entre las centenas 300 y 400.

327

300 310 320 330 340 350 360 370 380 390 400

2.º Compara su cifra de las decenas con 5.

327 ▸ 2 < 5 ▸ Elige la centena menor: 300.

La centena más cercana a 327 es 300.

Julio encontrará el poste más cercano a 300 metros de la salida.

1 **Observa la recta anterior y aproxima cada número a la centena más cercana.**

EJEMPLO

368 está entre 300 y 400.

6 > 5 ▸ Elige la centena mayor: 400.

La centena más cercana a 368 es 400.

2 **Observa la recta y aproxima cada número a la centena más cercana.**

PRESTA ATENCIÓN

Fíjate entre qué centenas está cada número y en su cifra de las decenas.

100 200 300 400 500 600 700 800 900

- 138
- 243
- 374
- 460
- 512
- 691
- 785
- 825

3 Aproxima cada número al millar más cercano.

HAZLO ASÍ

Aproxima 2.329 al millar más cercano

1.º Busca entre qué millares está el número 2.329.

2.329 está entre los millares 2.000 y 3.000.

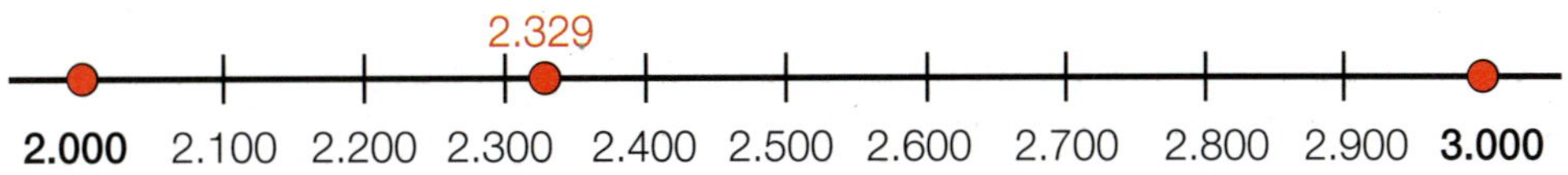

2.º Compara su cifra de las centenas con 5.

3 < 5 ▸ Elige el millar menor: 2.000. ▸ El millar más cercano a 2.329 es 2.000.

- 2.420
- 2.932
- 4.890
- 5.179
- 6.321
- 8.936
- 7.790
- 9.210
- 8.624

Problemas

4 Observa el dibujo y contesta.

- Jaime está en Marlo y toma un tren con destino al pueblo que está a unos 300 km. ¿A qué pueblo se dirige Jaime? ¿A cuántos kilómetros está este pueblo de Marlo?
- ¿A cuántos kilómetros aproximadamente está Valle de Marlo?
- Natalia coge un avión en Marlo y recorre unos 2.000 km aproximadamente. ¿A qué ciudad ha ido Natalia? ¿A cuántos kilómetros está esa ciudad de Marlo?

PENSAMIENTO

¿Qué número es? Lee y escríbelo con letra.

- Es un número que se lee igual de izquierda a derecha que de derecha a izquierda.
- Su millar más cercano es 5.000.

COMPRUEBO MI PROGRESO

1 **Descompón cada número.**

EJEMPLO
148 = 1 C + 4 D + 8 U =
= 100 + 40 + 8

- 194
- 328
- 2.576
- 5.792
- 207
- 460
- 3.609
- 4.850

2 **TIEMPO PARA HABLAR.** **Explica cómo hallas el valor de una cifra en un número según la posición que ocupa.**

3 **Escribe el valor en unidades de la cifra en rojo de cada número.**

EJEMPLO **4**59 ▸ 4 C = 400 U

- 2**8**9
- **6**18
- **3**.603
- **5**.291
- 47**6**
- **8**12
- 7.**5**32
- 6.9**7**4

4 **Escribe.**

Los números comprendidos entre 369 y 384.

Los números mayores que 2.778 y menores que 2.793.

5 **Ordena cada grupo de números.**

De menor a mayor:

- 345, 456, 289 y 190
- 1.618, 3.861, 2.189 y 1.980

De mayor a menor:

- 516, 816, 618 y 880
- 5.489, 7.984, 7.893 y 8.943

6 **Escribe cada número.**

- 1 DM + 2 UM + 5 C + 6 D + 8 U
- 2 DM + 6 UM + 8 C + 9 D
- 4 DM + 1 UM + 3 C + 6 U
- 8 DM + 7 UM + 9 D + 8 U

7 **Escribe con cifras y, después, ordena los números de mayor a menor.**

- Quince mil doscientos veinticinco.
- Veinte mil novecientos setenta y dos.
- Sesenta y ocho mil cincuenta y seis.
- Noventa mil setecientos noventa.

8 **Escribe con letras o con cifras.**

- 13.º
- 18.º
- 17.º
- 19.º
- Duodécimo
- Undécimo
- Decimoquinto

9 **Aproxima como se indica.**

- A las centenas: 232, 579, 816.
- A los millares: 3.410, 8.790, 9.230.

Problemas

10 En un colegio venden papeletas de colores y sortean distintos premios.

Rojo	Números desde 1 hasta 1.000
Amarillo	Números desde 1 hasta 1.500
Verde	Números desde 1 hasta 2.000

- ¿Pueden tener las papeletas amarillas el número 1.450? ¿Y el 1.550?
- Maribel compra una papeleta con el número 1.278. ¿De qué colores puede ser?

11 La familia de Gustavo quiere comprar un coche.

Modelo A ▶	10.250 €
Modelo B ▶	9.990 €
Modelo C ▶	18.300 €
Modelo D ▶	14.990 €

- ¿Cuánto cuesta el coche más barato? ¿Y el coche más caro?
- ¿Qué modelos cuestan más de once mil euros?

12 Fíjate en qué indica la señal y contesta.

Prohibido el paso de vehículos que pesen más de 13 toneladas.

13 toneladas = 13.000 kilos

- ¿Qué indica cada señal?

- ¿Qué camiones pueden pasar por el puente? Explica por qué.

¿CÓMO LO HE HECHO? Responde en tu cuaderno.

- ¿Sé leer y escribir números de cuatro y cinco cifras?
- ¿Sé leer y escribir números ordinales?
- ¿Aproximo números a la centena o al millar más cercano?

Pon una nota a tu trabajo en esta unidad.

Analizar publicidad

Sara y su familia quieren hacer un viaje en crucero. En la agencia de viajes han conseguido un folleto con varias ofertas. Sara lee los datos más importantes de algunos barcos.

Cabo Norte	Veloz	Delta	Viajero
Longitud: 333 metros.	**Longitud:** 320 metros.	**Longitud:** 345 metros.	**Longitud:** 336 metros.
Plazas del comedor: 1.626 personas.	**Plazas del comedor:** 1.653 personas.	**Plazas del comedor:** 680 personas.	**Plazas del comedor:** 1.630 personas.
Plazas del cine: 1.762 personas.	**Plazas del cine:** 1.653 personas.	**Plazas del cine:** 640 personas.	**Plazas del cine:** 1.648 personas.
Plazas del auditorio: 1.346 personas.	**Plazas del auditorio:** 1.371 personas.	**Plazas del auditorio:** 990 personas.	**Plazas del auditorio:** 1.350 personas.

1 **¿Cuántos metros de longitud tienen estos cruceros? Descompón cada número y escríbelo con letras.**

Cabo Norte 333 = 3 C + … Trescientos …

2 **Ordena los cuatro barcos según estos criterios.**

- De mayor a menor número de plazas en el comedor.
- De menor a mayor número de plazas en el cine.
- De mayor a menor número de plazas en el auditorio.

3 **Contesta con tu compañero.**

En otro folleto había un barco cuya longitud era menor que la del segundo barco más largo y mayor que la del tercer barco más largo. ¿Qué posibles longitudes podía tener?

Juega con los números

Material: Tabla numérica.
Un rotulador.

Número de jugadores: 5

Reglas del juego:

Por turnos, uno de los participantes, sin que los demás le vean, añade las centenas y las unidades de millar en un número de la tabla numérica. Después, tacha 10 números de la tabla.

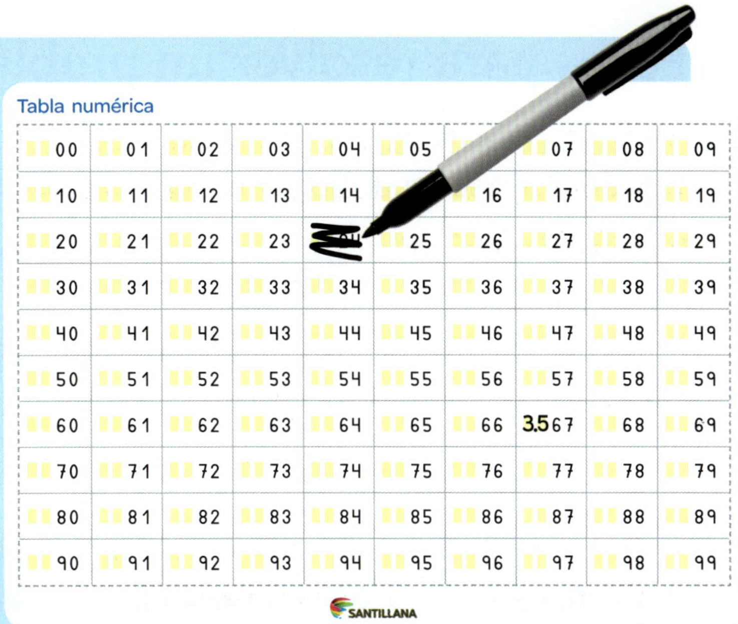

Tabla numérica

00	01	02	03	04	05	[illegible]	07	08	09
10	11	12	13	14	[illegible]	16	17	18	19
20	21	22	23	[illegible]	25	26	27	28	29
30	31	32	33	34	35	36	37	38	39
40	41	42	43	44	45	46	47	48	49
50	51	52	53	54	55	56	57	58	59
60	61	62	63	64	65	66	3.567	68	69
70	71	72	73	74	75	76	77	78	79
80	81	82	83	84	85	86	87	88	89
90	91	92	93	94	95	96	97	98	99

SANTILLANA

El resto de participantes tienen que adivinar los números tachados y escribirlos en su cuaderno de menor a mayor. Los que lo consigan obtienen 1 punto.

Ganador: Gana el jugador que consiga primero 6 puntos.

1. Estas casillas pertenecen a una tabla numérica. Encuentra el número que corresponde a cada figura geométrica.

Retos matemáticos

Tachar pares

Imagina la hoja de un calendario en el que figuran todos los días del mes de marzo. Si tachas los números que tengan al menos una de sus cifras pares, ¿cuántos días quedan?

Solución de problemas

Pasos para resolver un problema

Vamos a resolver el problema siguiendo estos cuatro pasos.

Ayer vinieron a ver una película 640 personas.
Hoy han venido 95 personas menos.
¿Cuántas personas han venido hoy a ver la película?

1.° Comprende.

Datos ▸ Ayer vinieron a ver la película 640 personas.
Hoy han venido 95 personas menos.

Pregunta ▸ ¿Cuántas personas han venido hoy a ver la película?

2.° Piensa en qué hay que hacer.

Como hoy han venido 95 personas menos, hay que restar 95 a las personas que vinieron ayer.

3.° Calcula.

$$\begin{array}{r} 640 \\ -\ 95 \\ \hline 545 \end{array}$$

Solución: Hoy han venido 545 personas.

4.° Comprueba.

Revisa bien todo lo que has hecho.

Lee atentamente cada problema y resuelve siguiendo los cuatro pasos.

1. En un juego de ordenador, Juan consiguió 125 puntos. Su hermana logró 74 puntos más que él. ¿Cuántos puntos consiguió su hermana?

2. En la biblioteca había 250 libros. Se han llevado prestados 59 libros. ¿Cuántos libros quedan en la biblioteca?

3. Paula compró para su granja 38 conejos. Después, compró 90 gallinas más que conejos. ¿Cuántas gallinas tiene Paula en la granja?

1 **Descompón cada número.**

C	D	U
3	4	8

C	D	U
2	9	0

C	D	U
6	9	5

C	D	U
8	0	7

2 **Escribe con cifras.**

- Veinticinco.
- Treinta y cuatro.
- Cincuenta y siete.
- Noventa y seis.
- Cuatrocientos treinta y ocho.
- Ochocientos setenta y nueve.

3 **Escribe cinco números más.**

- 0, 5, 10, 15, …
- 10, 20, 30, 40, …
- 50, 45, 40, 35, …
- 100, 90, 80, 70, …

4 **Coloca los números y calcula.**

48 + 16 54 + 17 67 + 9 82 – 28 90 – 16 75 – 9

29 + 5 + 15 8 + 12 + 36 14 + 32 + 6 15 + 22 + 10

5 **Repasa las tablas y completa en tu cuaderno.**

2 × 4 = …	3 × 5 = …	3 × 8 = …	4 × 2 = …	4 × 7 = …
2 × 7 = …	3 × 6 = …	3 × 9 = …	4 × 3 = …	4 × 9 = …

Problemas

6 En el patio del colegio había un total de 48 niños. Estaban jugando al baloncesto 18. ¿Cuántos niños no estaban jugando al baloncesto?

7 Emilio ha vendido 49 helados de vainilla y 9 helados de chocolate más que de vainilla. ¿Cuántos helados de chocolate ha vendido?

8 A una exposición de pintura fueron 94 hombres, 87 mujeres y 43 niños. ¿Cuántas personas fueron en total a la exposición?

9 Para celebrar su cumpleaños, Berta compra una tarta por 18 € y una bandeja de pasteles por 21 €. ¿Cuánto costaron los pasteles más que la tarta?

Antes de empezar

Cálculo mental

Suma decenas a números de dos cifras

26 + 70 = 96	24 + 60	49 + 30
	68 + 20	71 + 20
47 + 80 = 127	29 + 80	52 + 60
	46 + 70	84 + 90

Resta decenas a números de dos cifras

89 − 40 = 49	32 − 20	53 − 30
	61 − 50	85 − 70

Un número, varias sumas o varias restas

Escribe tres sumas y tres restas cuyo resultado sea 57.

Pequeños problemas

Calcula mentalmente

1. En mi cartera llevaba 65 €. He comprado un libro de 30 €. ¿Cuánto dinero me queda?
2. Un tren llevaba 44 pasajeros. En la primera estación se han subido 30 personas más. ¿Cuántos pasajeros lleva ahora el tren?

¿Qué sabes ya?

Suma de dos números llevando

Suma 387 + 65

1.º Coloca los números.

2.º Suma las unidades: 7 y 5 son 12; escribe 2 y te llevas 1.
Suma las decenas: 1, 8 y 6 son 15; escribe 5 y te llevas 1.
Suma las centenas: 1 y 3 son 4.

	C	D	U	
	3	8	7	◂ sumando
+		6	5	◂ sumando
	4	5	2	◂ suma o total

Resta llevando

Resta 574 − 283

1.º Coloca los números.

2.º Resta las unidades: de 3 a 4 va 1.
Resta las decenas: de 8 a 17 van 9 y te llevas 1.
Resta las centenas: 2 y 1 son 3; de 3 a 5 van 2.

	C	D	U	
	5	7	4	◂ minuendo
−	2	8	3	◂ sustraendo
	2	9	1	◂ diferencia

1 Calcula en tu cuaderno.

- 54 + 87
- 329 + 643
- 95 + 475
- 61 − 27
- 482 − 164
- 293 − 58

2 Sumas y restas

Tiempo para hablar

- Diego quiere comprar unas gafas, unas botas y un casco. ¿Cuánto tiene que pagar?
- Tenía ahorrados 200 €. ¿Tiene suficiente dinero para pagar todo? ¿Cuánto dinero le falta?
- Explica cómo calculas el dinero que te falta o te sobra cuando haces una compra.

SABER HACER

Analizar datos hoteleros.

Sumas

En una verbena, 582 niños han subido en las camas elásticas, 3.197 en el tren y 6.056 en los coches de choque. ¿Cuántos niños han montado en total en las atracciones?

Suma 582 + 3.197 + 6.056

1.º Coloca los números:
escribe en cada columna las cifras del mismo orden.

2.º Suma las unidades: 2, 7 y 6 son 15. Escribe 5 y te llevas 1.
Suma las decenas: 1, 8, 9 y 5 son 23. Escribe 3 y te llevas 2.
Suma las centenas: 2, 5, 1 y 0 son 8.
Suma los millares: 3 y 6 son 9.

	UM	C	D	U
		5	8	2
	3	1	9	7
+	6	0	5	6
	9	8	3	5

En total han montado 9.835 niños.

1 Coloca los números y suma.

PRESTA ATENCIÓN

En algunas sumas te llevas 2.

- 2.783 + 3.469
- 5.631 + 784
- 31.704 + 9.536
- 18.736 + 45.093
- 9.735 + 361 + 542
- 7.256 + 468 + 37
- 608 + 42.957 + 4.825
- 15.763 + 9.427 + 28.614

2 Calcula cada pareja de sumas y contesta.

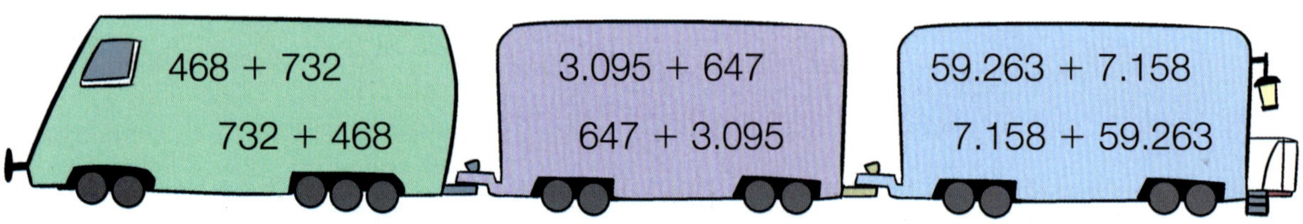

- ¿Son iguales los sumandos de las dos sumas? ¿Están colocados en el mismo orden?
- ¿Es igual el total de las dos sumas?
- ¿Influye el orden de los sumandos en el resultado de la suma?

3 **Suma primero las decenas o las centenas y calcula.**

- 2 + 50 + 30
- 40 + 8 + 10
- 6 + 30 + 70
- 90 + 4 + 20

EJEMPLO

60 + 5 + 10 = 70 + 5 = 75

- 7 + 400 + 100
- 300 + 9 + 600
- 39 + 200 + 500
- 500 + 25 + 400

EJEMPLO

3 + 600 + 200 = 800 + 3 = 803

Problemas

4 **Lee y resuelve.**

- En un almacén hay 3.438 botellas de refresco y 2.975 botellas de zumo. ¿Cuántas botellas hay en el almacén?
- En una fábrica se han envasado 2.368 latas de atún, 1.590 de sardinas y 782 de mejillones. ¿Cuántas latas se han envasado en total?

5 **Observa el dibujo y resuelve.**

Silvia y Daniel juegan una partida a los dardos. Observa el color de la zona donde han caído los tres dardos de cada uno y calcula.

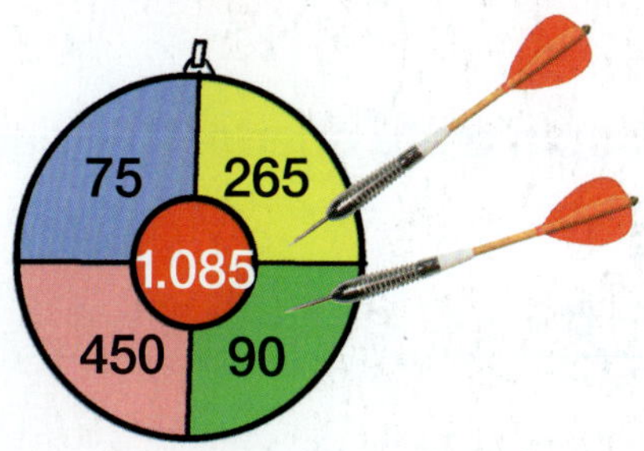

Silvia ▶ 

Daniel ▶ 

- ¿Cuántos puntos ha conseguido cada uno? ¿Quién ha ganado?

Piensa y completa en tu cuaderno cada suma para que cumpla la condición indicada. Después calcúlala.

Suma sin llevar	Te llevas 1	Te llevas 2
4 5	4 5	4 5
2 ■	2 ■	2 8
+ 1 2	+ 1 2	+ 1 ■

PENSAMIENTO

Restas

La familia de Alba está viajando por Europa. Quieren recorrer un total de 4.380 km y ya han hecho 1.967 km. ¿Cuántos kilómetros les faltan por recorrer?

Resta 4.380 – 1.967

1.º Coloca el minuendo y el sustraendo: escribe en cada columna las cifras del mismo orden.

2.º Resta las unidades: de 7 a 10 van 3. Me llevo 1.
Resta las decenas: 6 y 1 son 7; de 7 a 8 va 1.
Resta las centenas: de 9 a 13 van 4. Me llevo 1.
Resta los millares: 1 y 1 son 2; de 2 a 4 van 2.

UM	C	D	U
4	3	8	0
– 1	9	6	7
2	4	1	3

Les faltan por recorrer 2.413 km.

1 Copia en tu cuaderno y calcula.

8295	7538	40867
– 6428	– 964	– 5391

No olvides la que te llevas.

2 Escribe una resta con los tres números y contesta.

- ¿Cuál es el minuendo? ¿Y el sustraendo?
- ¿Cómo se llama el resultado de la resta?
- ¿Qué término es el número mayor?

3 Coloca los números y resta. Después, haz la prueba.

RECUERDA

Prueba de la resta:

minuendo		sustraendo
– sustraendo	▶	+ diferencia
diferencia		minuendo

- 5.682 – 3.457
- 9.138 – 7.264
- 45.270 – 29.352
- 73.621 – 54.863
- 2.509 – 738
- 6.243 – 956
- 17.415 – 8.239
- 80.264 – 371

4 **Escribe en tu cuaderno, con los tres números, dos sumas y dos restas.**

$$\begin{array}{r} 12 \\ +\ \square \\ \hline \square \end{array} \qquad \begin{array}{r} \square \\ +\ 12 \\ \hline \square \end{array} \qquad \begin{array}{r} \square \\ -\ 12 \\ \hline \square \end{array} \qquad \begin{array}{r} \square \\ -\ \square \\ \hline 12 \end{array}$$

¿Qué término es igual en las dos sumas? ¿Y en las dos restas?

5 **Calcula el término que falta en cada resta.**

HAZLO ASÍ

- Para hallar el minuendo, suma.

$$\begin{array}{r} \square \\ -\ 50 \\ \hline 20 \end{array} \ \blacktriangleright\ \begin{array}{r} 50 \\ +\ 20 \\ \hline 70 \end{array} \ \blacktriangleright\ \square = 70$$

- Para hallar el sustraendo, resta.

$$\begin{array}{r} 80 \\ -\ \square \\ \hline 30 \end{array} \ \blacktriangleright\ \begin{array}{r} 80 \\ -\ 30 \\ \hline 50 \end{array} \ \blacktriangleright\ \square = 50$$

$$\begin{array}{r} \square \\ -\ 47 \\ \hline 26 \end{array} \qquad \begin{array}{r} \square \\ -\ 258 \\ \hline 391 \end{array} \qquad \begin{array}{r} \square \\ -\ 96 \\ \hline 745 \end{array} \qquad \begin{array}{r} 93 \\ -\ \square \\ \hline 58 \end{array} \qquad \begin{array}{r} 542 \\ -\ \square \\ \hline 326 \end{array} \qquad \begin{array}{r} 607 \\ -\ \square \\ \hline 542 \end{array}$$

Problemas

6 **Lee y resuelve.**

- En un depósito había 3.528 ℓ de agua. Se han utilizado 2.045 ℓ. ¿Cuántos litros de agua quedan en el depósito?
- Una furgoneta puede llevar hasta 1.300 kg de carga. Jaime ha cargado 452 kg de fruta. ¿Cuántos kilos más puede cargar?

EMOCIONES

Imagina y completa en tu cuaderno. Después, contesta.

Tienes 126 cromos de una colección.

- Si te regalan algunos cromos, tendrás … que antes.
- Si se te pierden algunos cromos, tendrás … que antes.

¿Cómo te sientes cuando te regalan algo?
¿Y si se te pierde algo?

Estimación de sumas

Sonia compra un chándal por 42 €
y una sudadera por 27 €.
¿Cuánto se gasta aproximadamente?

Estima la suma 42 + 27

1.º Aproxima cada sumando a la decena más cercana.

2.º Suma las decenas obtenidas.

42	→	40
+ 27	→	+ 30
		70

Aproximadamente, Sonia se gasta 70 €.

Para estimar sumas, primero aproxima los sumandos y, después, suma las aproximaciones.

1 Observa y calcula cuánto cuestan aproximadamente.

- Una linterna y una brújula.
- Una gorra y unos prismáticos.
- Una mochila y una cantimplora.

2 Estima estas sumas. Aproxima primero al orden adecuado.

HAZLO ASÍ

- **Estima la suma 432 + 481**
  Aproxima cada sumando a las centenas y suma.

432	→	400
+ 481	→	+ 500
		900

- **Estima la suma 2.617 + 1.249**
  Aproxima cada sumando a los millares y suma.

2617	→	3000
+ 1249	→	+ 1000
		4000

- 273 + 567
- 435 + 618
- 394 + 126
- 715 + 879
- 2.459 + 3.840
- 8.136 + 5.724
- 6.083 + 4.291
- 9.365 + 7.650

En una obra de teatro actúan 61 personas.
De ellas, 39 son niños y el resto adultos.
¿Cuántos adultos actúan aproximadamente en la obra?

Estima la resta 61 – 39

1.º Aproxima cada término a la decena más cercana.

2.º Resta las decenas obtenidas.

$$\begin{array}{r} 61 \\ -\,39 \\ \hline \end{array} \rightarrow \begin{array}{r} 60 \\ -\,40 \\ \hline 20 \end{array}$$

Aproximadamente, actúan en la obra 20 adultos.

Para estimar restas, primero aproxima el minuendo y el sustraendo y, después, resta las aproximaciones.

1 **Observa el dibujo y calcula cuánto pesan aproximadamente.**

- La maleta roja más que la azul.
- La maleta verde menos que la amarilla.
- La maleta azul más que la verde.

2 **Estima estas restas. Aproxima primero al orden adecuado.**

HAZLO ASÍ

- **Estima la resta 583 – 426**
  Aproxima a las centenas y resta.

$$\begin{array}{r} 583 \\ -\,426 \\ \hline \end{array} \rightarrow \begin{array}{r} 600 \\ -\,400 \\ \hline 200 \end{array}$$

- **Estima la resta 7.390 – 3.154**
  Aproxima a los millares y resta.

$$\begin{array}{r} 7390 \\ -\,3154 \\ \hline \end{array} \rightarrow \begin{array}{r} 7000 \\ -\,3000 \\ \hline 4000 \end{array}$$

- 316 – 175
- 469 – 287
- 4.850 – 2.261
- 9.302 – 8.461

3 **Resuelve.**

Sara compra un equipo de música por 289 € y un ordenador por 528 €.
¿Cuánto cuesta, aproximadamente, el ordenador más que el equipo de música?

Problemas de dos operaciones

En la panadería han hecho hoy 268 barras de pan chapata y 306 barras de pan candeal. Han vendido 482 barras. ¿Cuántas barras han quedado sin vender?

1.° Calcula cuántas barras han hecho en total.

$$\begin{array}{r} 268 \\ +\,306 \\ \hline 574 \end{array}$$

2.° Calcula cuántas barras han quedado sin vender.

$$\begin{array}{r} 574 \\ -\,482 \\ \hline 092 \end{array}$$

Han quedado sin vender 92 barras.

1 Lee y resuelve.

- En un colegio hay 382 alumnos de Primaria y 128 de Infantil. Se quedan a comer en el colegio 394 alumnos. ¿Cuántos alumnos no se quedan a comer en el colegio?
- Diana tenía 1.432 fotos en el ordenador. Hoy ha borrado 67 que no le gustaban y ha guardado 298 fotos nuevas. ¿Cuántas fotos tiene ahora Diana en el ordenador?
- Tomás ha cargado en un camión un sofá que pesa 120 kg, un armario de 186 kg y una mesa de 95 kg. El camión puede llevar como máximo 1.400 kg de carga. ¿Cuántos kilos más puede cargar Tomás en el camión?

2 Observa las imágenes y resuelve.

- Isabel quiere comprar una bicicleta y unos patines. Tiene 200 €. ¿Cuánto dinero le falta?
- Luis tiene 150 €. Compra una raqueta, un bote de pelotas de tenis y un balón. ¿Cuánto dinero le sobra?
- Ana compra unos patines y una raqueta. Entrega para pagar un billete de 100 € y otro de 20 €. ¿Cuánto dinero le devuelven?

3 Busca los datos en la nota y resuelve.

Las dos clases de 3.º de Primaria se van de excursión. Santi prepara la comida que los alumnos llevarán.

- Santi ha preparado ya 48 bocadillos de jamón y 27 de queso. ¿Cuántos bocadillos más tiene que preparar?
- Ya ha preparado la fruta: 26 mandarinas, 17 peras y plátanos. ¿Cuántos plátanos ha preparado?
- Irán 23 alumnos de 3.º A, 19 de 3.º B y 21 de 3.º C. Cada uno llevará una botella de agua y el resto las llevan los profesores. ¿Cuántas botellas llevarán los profesores?

4 Observa el esquema y calcula.

Álvaro ha hecho un esquema con las personas que viajaron en un trayecto de tren.

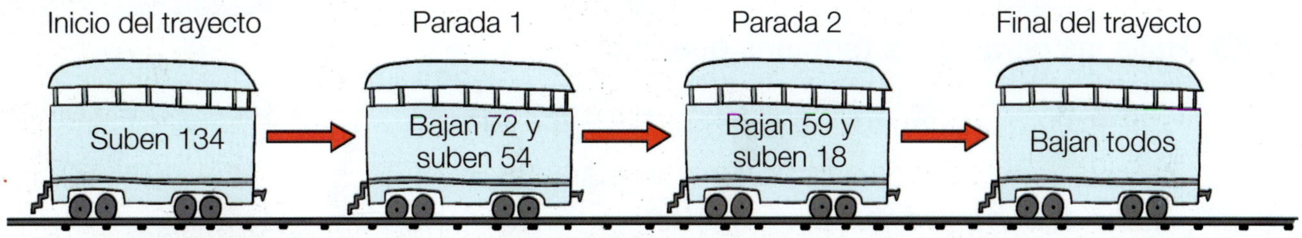

- Al salir de la parada 1, ¿el tren iba más lleno o más vacío que al llegar a esa parada?
- ¿Cuántas personas viajaban en el tren entre las paradas 1 y 2?
- ¿Cuántas personas bajaron al final del trayecto?

Inventa y representa con un compañero un problema que se resuelva calculando estas dos operaciones.

$37 + 5 = 42$

$42 - 8 = 34$

CREATIVIDAD

COMPRUEBO MI PROGRESO

1 **Coloca los números y calcula.**

- 1.508 + 4.632
- 32.791 + 9.256
- 5.815 + 2.749 + 564
- 6.439 + 876 + 15.728
- 23.496 − 18.751
- 14.316 − 3.749

2 **Ordena los sumandos para que la suma sea más fácil y calcula.**

EJEMPLO

7 + 52 + 3 = 7 + 3 + 52 = 10 + 52 = 62

- 40 + 9 + 20
- 7 + 300 + 500
- 600 + 812 + 400
- 35 + 6 + 4
- 95 + 17 + 5
- 46 + 28 + 2

3 **Escribe una resta e indica cómo se llama cada término. Después, piensa y escribe si cada oración es verdadera o falsa.**

- Minuendo = sustraendo + diferencia
- Sustraendo = minuendo + diferencia
- El minuendo es siempre mayor que el sustraendo.
- El sustraendo es siempre mayor que la diferencia.

4 **Halla las cifras o los términos que faltan.**

```
   8 ■ 3        ■ 7 2 ■
 + 6 5 ■      − 3 8 ■ 4
 -------      ---------
 1 ■ 7 2        5 ■ 3 2
```

- 57 + 20 = ■
- ■ + 38 = 78
- 70 + ■ = 105
- 94 − 60 = ■
- ■ − 40 = 52
- 126 − ■ = 76

5 TIEMPO PARA HABLAR. **Explica qué es estimar una suma y una resta. Después, pon un ejemplo de cada operación e indica cómo se calcula.**

6 **Estima estas sumas y restas.**

Aproxima a las decenas

- 57 + 28
- 62 − 24
- 63 + 41
- 71 − 19
- 72 + 39
- 86 − 53

Aproxima a las centenas

- 327 + 284
- 471 − 214
- 593 + 162
- 749 − 425
- 845 + 607
- 932 − 680

Aproxima a los millares

- 4.817 + 3.268
- 6.305 − 1.097
- 8.743 + 5.988
- 9.164 − 5.732

Problemas

7 **Observa el peso en kilos de los contenedores y resuelve.**

- ¿Cuántos kilos pesan en total los contenedores rojo y azul? ¿Y el verde más que el naranja?
- ¿Qué pesa menos: los contenedores azul y naranja juntos o el rojo? ¿Cuántos kilos menos?

8 **Observa el dibujo y resuelve.**

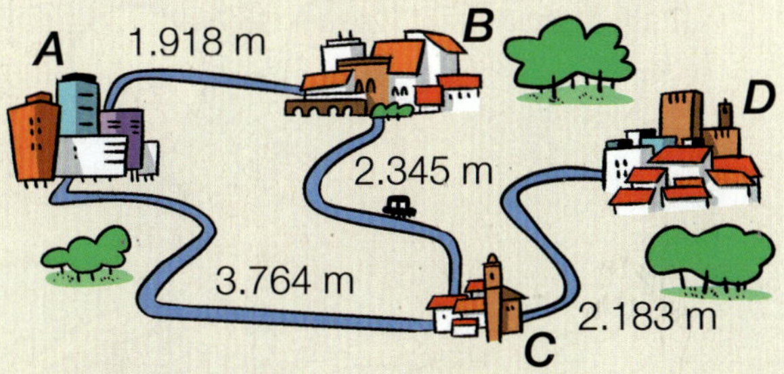

- Pedro va de *A* a *D* pasando por *B* y *C*. ¿Cuántos metros recorre?
- Julia va de *A* a *C* por el camino más largo y vuelve por el más corto. ¿Qué trayecto seguirá? ¿Cuántos metros recorrerá a la ida más que a la vuelta?

9 **Busca en la tabla los puntos conseguidos por cada niño y calcula.**

	Sara	Juan	Pilar
1.ª partida	1.350	968	1.076
2.ª partida	874	1.239	1.415

- ¿Cuántos puntos consiguió Juan en la primera partida menos que en la segunda?
- ¿Quién consiguió más puntos en total: Sara o Pilar? ¿Cuántos más?
- ¿Cuántos puntos consiguieron en total los tres amigos en la segunda partida más que en la primera?

¿CÓMO LO HE HECHO? **Responde en tu cuaderno.**

- ¿Calculo correctamente sumas y restas?
- ¿Sé estimar sumas y restas?
- ¿Resuelvo problemas de sumas y restas?

Pon una nota a tu trabajo en esta unidad.

Analizar datos hoteleros

En la zona de montaña a la que han ido de acampada Silvia, Jorge, Maite y Nacho hay un albergue rural. En la tabla aparecen los visitantes que ha tenido el albergue en los tres últimos años.

	Número de visitantes	
	Niños	Adultos
2015	4.462	6.139
2016	5.083	4.917
2017	2.275	7.894

1 Observa la tabla y contesta.

- ¿En qué año hubo más niños? ¿Y más adultos?
- ¿Cuántos visitantes tuvieron cada año?
- ¿Cuántos niños se alojaron en el albergue en total? ¿Y adultos?
- ¿Cuántos adultos lo visitaron en 2015 menos que en 2017?
- ¿Cuántas personas lo visitaron en 2015 más que en 2016?

2 Observa el gráfico con tu compañero y contestad.

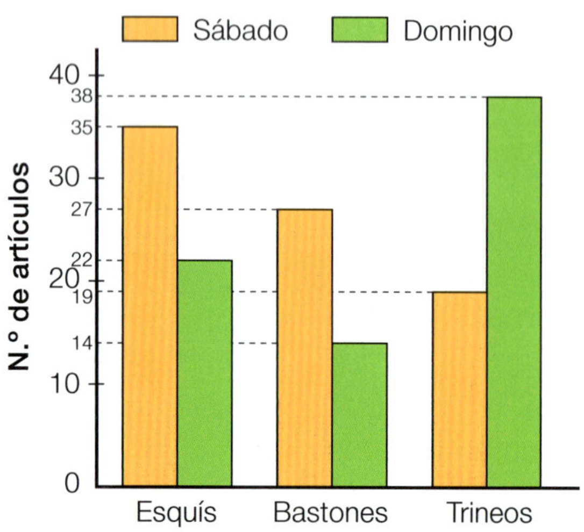

En el albergue alquilan material de montaña. El gráfico muestra el número de artículos que han alquilado el fin de semana.

- ¿Qué tipo de material alquilaron más el sábado? ¿Y menos?
- ¿Cuántos trineos más que bastones alquilaron el domingo?
  ¿Y cuántos bastones menos que esquís alquilaron el sábado?
- ¿Cuántos artículos alquilaron el sábado más que el domingo?

Juega con sumas y restas

Material: Tarjetas numéricas del 0 al 9. Lápiz y papel.

Número de jugadores: 5

Reglas del juego:

Por turnos, uno de los participantes elige, sin mirar, y sin que los demás le vean, dos tarjetas. Con esas tarjetas forma un número de dos cifras que escribe en un papel oculto a los demás.

El resto de participantes, por orden, harán una pregunta en la que aparezca la palabra *suma* o *resta* y, tras escuchar la respuesta, dirán cuál creen que es el número secreto. El primero que acierte obtiene 1 punto.

Ganador: Gana el jugador que consiga primero 6 puntos.

1 Observa las respuestas a las preguntas y adivina qué número ha formado María.

- ¿La *suma* de sus cifras es mayor que 10? No.
- ¿La *suma* es igual a 9? Sí.
- ¿La *resta* de sus cifras es menor que 5? Sí.
- ¿La *resta* es igual a 4? No.
- ¿La *resta* es igual a 3? Sí.
- Si al número le *sumas* 50, ¿es la suma mayor que 100? Sí.

Retos matemáticos

Los números de las casas

En una calle hay 100 casas. Para poner el número a cada casa se ha decidido comprar placas con los números de una cifra, del 0 al 9, y componer cada número con estas cifras. ¿Cuántos nueves se necesitan? ¿Y unos?

Reconstruir el enunciado

Vamos a leer las oraciones y ordenarlas para reconstruir el enunciado del problema. Después, lo resolveremos.

Oraciones

- Laura ha hecho 75 fotos.
- ¿Cuántas fotos han hecho entre las dos?
- Sol y Laura han salido a hacer fotos. Sol ha hecho 37 fotos.

▶ El enunciado ordenado del problema es:

Sol y Laura han salido a hacer fotos. Sol ha hecho 37 fotos. Laura ha hecho 75 fotos. ¿Cuántas fotos han hecho entre las dos?

1.° Comprende.

Datos ▸ Sol ha hecho 37 fotos.
Laura ha hecho 75 fotos.

Pregunta ▸ ¿Cuántas fotos han hecho entre las dos?

2.° Piensa en qué hay que hacer.

Hay que sumar las fotos que han hecho Sol y Laura.

3.° Calcula.

$37 + 75 = 112$

Solución: Entre las dos han hecho 112 fotos.

4.° Comprueba.

Revisa si lo que has hecho está bien.

Lee las oraciones y construye el enunciado del problema. Después, resuélvelo.

1 Oraciones

- Cada bolsa tiene 4 peras.
- María está preparando bolsas de fruta.
- ¿Cuántas peras ha metido en bolsas?
- Ha preparado 5 bolsas.

2 Oraciones

- Ha gastado 15 € en un libro.
- Ha comprado un jersey por 39 €.
- Juan ha salido de compras.
- ¿Cuánto dinero ha gastado Juan?

1 **Descompón cada número y escribe cómo se lee.**

- 3.248
- 7.036
- 9.508
- 15.372
- 40.961
- 83.070

2 **Escribe el número y cómo se lee.**

Número posterior

- 2.999
- 49.999
- 9.999
- 73.999

Número anterior

- 5.000
- 10.000
- 8.600
- 91.000

3 **Compara y escribe el signo > o <.**

- 2.587 y 2.591
- 51.864 y 5.739
- 37.405 y 36.916
- 8.320 y 60.150

4 **Coloca los números y calcula.**

- 6.784 + 5.263
- 851 + 495 + 86
- 7.513 − 3.279
- 8.207 − 684

5 **Repasa las tablas y completa en tu cuaderno.**

5 × 2 = ...
5 × 8 = ...
5 × 4 = ...
5 × 7 = ...
5 × 9 = ...

6 × 3 = ...
6 × 0 = ...
6 × 6 = ...
6 × 5 = ...
6 × 8 = ...

7 × 1 = ...
7 × 4 = ...
7 × 5 = ...
7 × 9 = ...
7 × 7 = ...

Problemas

6 Raquel ha comprado para una fiesta 136 refrescos de naranja y 168 de cola. ¿Cuántos refrescos ha comprado?

7 En un museo hay 260 cuadros. Son retratos 184. ¿Cuántos cuadros no son retratos?

8 Loli tiene en el bolsillo estas monedas. ¿Cuántos céntimos tiene?

9 Un tren tiene tres vagones. En el primer vagón viajan 48 personas, en el segundo 107 y en el tercero 69. ¿Cuántas personas viajan en el tren?

10 En el gimnasio hay 42 balones de fútbol y 28 de baloncesto. ¿Cuántos balones hay de fútbol más que de baloncesto?

Coordenadas de casillas

Laura y Javier son arqueólogos. Han dividido un terreno formando una cuadrícula, y han descubierto algunas vasijas. Observa cómo se nombra la casilla donde está cada vasija.

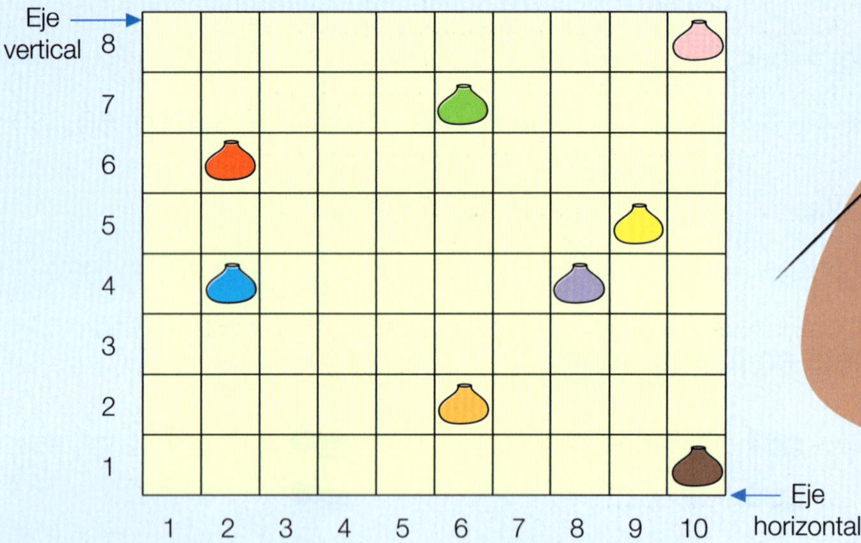

Para expresar las coordenadas de una casilla, escribe dentro de un paréntesis primero el número del eje horizontal y, después, una coma y el número del eje vertical.

Fíjate en estos ejemplos:  ▸ (2, 6)  ▸ (9, 5)

1 **Observa la cuadrícula anterior y escribe en tu cuaderno las coordenadas de la casilla donde se encuentra cada vasija.**

 ▸ (…, …)  ▸ (…, …)  ▸ (…, …)  ▸ (…, …)  ▸ (…, …)  ▸ (…, …)

2 **Observa la cuadrícula y contesta.**

- ¿Qué coordenadas tiene la casilla que está a la derecha de la vasija verde? ¿Y la casilla que está a su izquierda? ¿Y las que están por encima y por debajo?
- ¿Qué coordenada tienen en común la vasija naranja y la vasija verde? ¿Y la vasija azul y la vasija morada?
- ¿Qué vasija tiene en común alguna coordenada con la vasija rosa? ¿Cuál es?

3 **Copia en tu cuaderno la cuadrícula y dibuja en cada casilla la moneda indicada.**

(1, 7) ▶
(4, 3) ▶
(3, 4) ▶
(6, 8) ▶
(10, 6) ▶
(11, 8) ▶

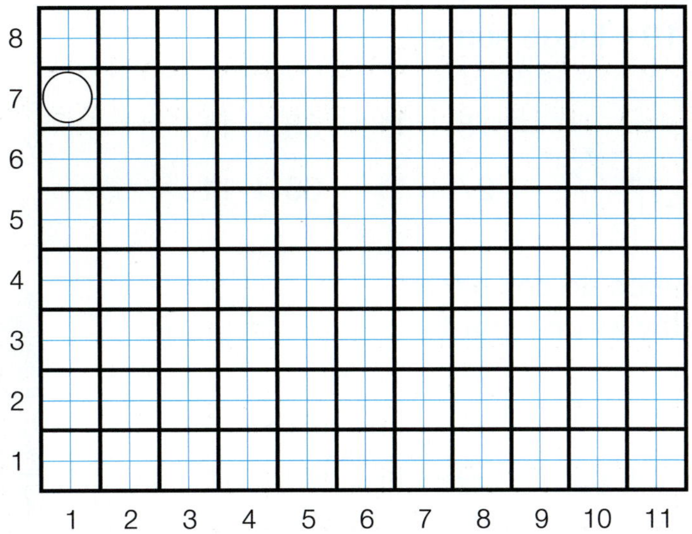

4 **Observa el plano de la excavación y escribe en tu cuaderno las coordenadas de todas las casillas que ocupa cada una de las instalaciones.**

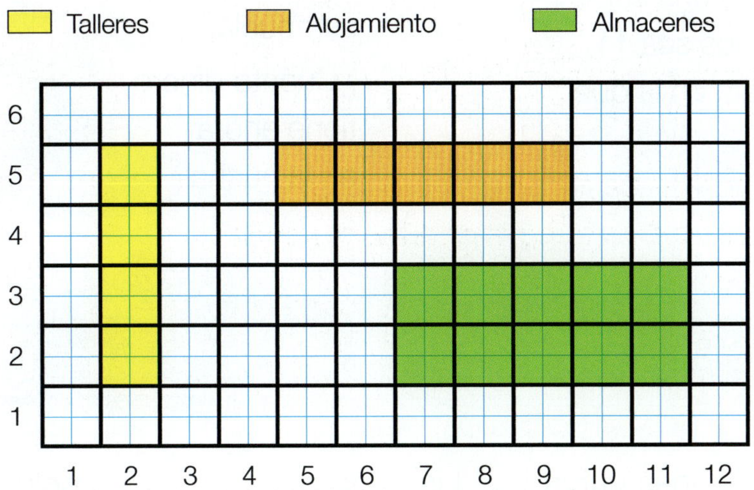

▶ … ▶ … ▶ …

- ¿Qué coordenada tienen en común las casillas de los talleres?
- ¿Y las casillas del alojamiento?

5 **Imagina que tienes que construir en la excavación anterior una zona dedicada a garaje que ocupe 4 casillas, tenga forma cuadrada y no esté situada junto a ninguna instalación.**

- ¿Dónde la construirías? Escribe las coordenadas de todas sus casillas.
- ¿Hay más de una solución? ¿Cuántas?

Antes de empezar

Cálculo mental

Suma 11 a números de dos cifras: primero suma 10 y luego suma 1

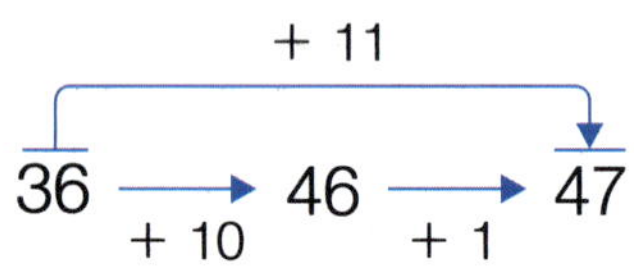

15 + 11   68 + 11

27 + 11   69 + 11

Resta 11 a números de dos cifras: primero resta 10 y luego resta 1

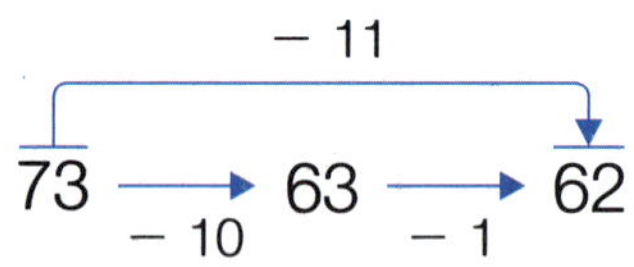

34 − 11   71 − 11

59 − 11   90 − 11

Un número, una suma y una resta

Escribe 87 como resultado de una suma en la que uno de los sumandos sea 11, y como resultado de una resta en la que el sustraendo sea 11.

Pequeños problemas

Calcula mentalmente

1. Jesús va a un pueblo que está a 57 km. Ya ha recorrido 11 km. ¿Cuántos kilómetros le faltan para llegar?

2. Fabián tenía en su hucha 33 €. Hoy mete 11 € que le ha dado su abuela. ¿Cuánto dinero tiene ahora en la hucha?

¿Qué sabes ya?

Tipos de líneas

Línea recta	Línea curva abierta	Línea curva cerrada	Línea poligonal abierta	Línea poligonal cerrada

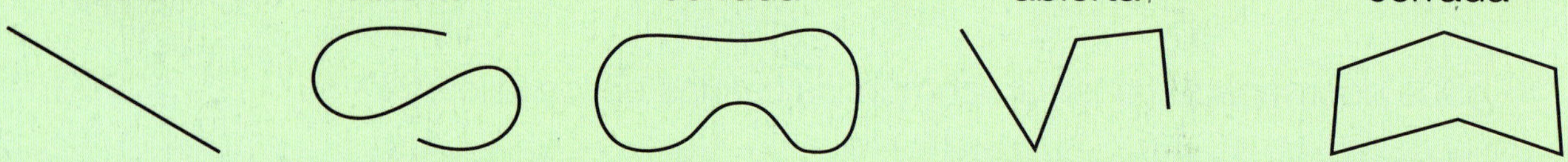

1. **Escribe en tu cuaderno cómo es cada línea.**

2. **Dibuja en tu cuaderno un ejemplo de cada tipo de línea.**

3 Rectas y ángulos

Tiempo para hablar

- ¿Cuántas pistas hay abiertas? ¿Cuál crees que es la más corta? ¿Por qué?
- ¿Se podría trazar un camino que uniera el origen y el final de la pista roja y que fuera más corto que ella? ¿Cómo?
- Explica en qué se parecen y en qué se diferencian las tres pistas.

SABER HACER

Describir caminos en un plano.

Segmento. Tipos de rectas

Una recta no tiene principio ni fin.

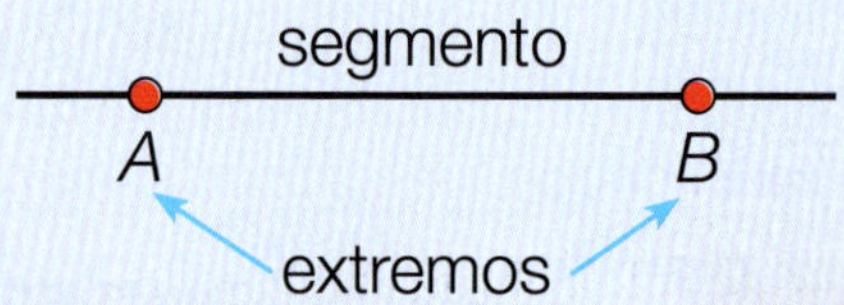

- La parte de recta comprendida entre los puntos *A* y *B* es un **segmento**.

  Los puntos *A* y *B* son los **extremos** del segmento.

- Observa cómo pueden ser dos rectas.

Estas rectas no se cortan.
No tienen puntos en común.

Son **rectas paralelas**.

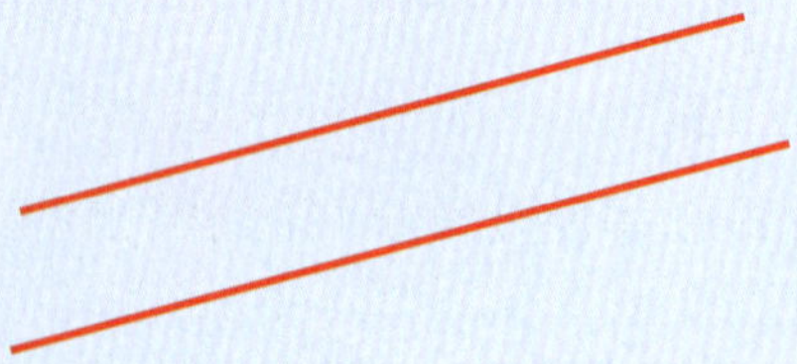

Estas rectas se cortan
en un punto.

Son **rectas secantes**.

- **Un segmento es la parte de recta comprendida entre dos puntos.**
- **Las rectas paralelas no se cortan y las secantes se cortan en un punto.**

1 **¿Cuántos segmentos forman cada figura? Cuenta y escribe en tu cuaderno.**

2 **Observa las rectas y escribe si son paralelas o secantes.**

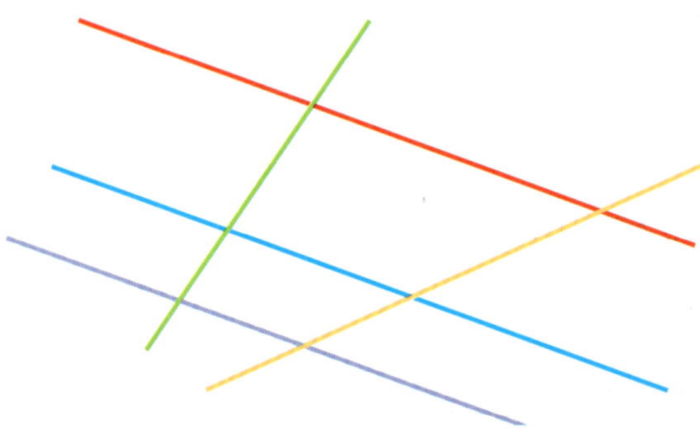

- La recta roja y la verde.
- La recta naranja y la azul.
- La recta roja y la azul.
- La recta morada y la naranja.
- La recta azul y la morada.
- La recta morada y la roja.

3 **Lee y traza en tu cuaderno.**

HAZLO ASÍ

Cómo trazar rectas paralelas

Repasa los dos bordes largos de tu regla sin que se mueva.

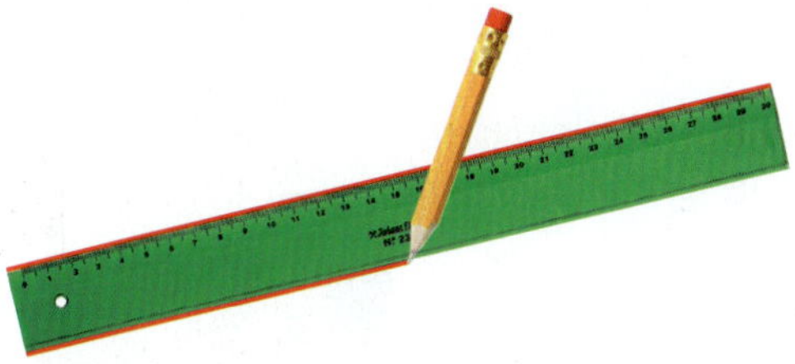

Cómo trazar rectas secantes

Traza una recta, gira un poco la regla y dibuja otra recta que corte a la primera.

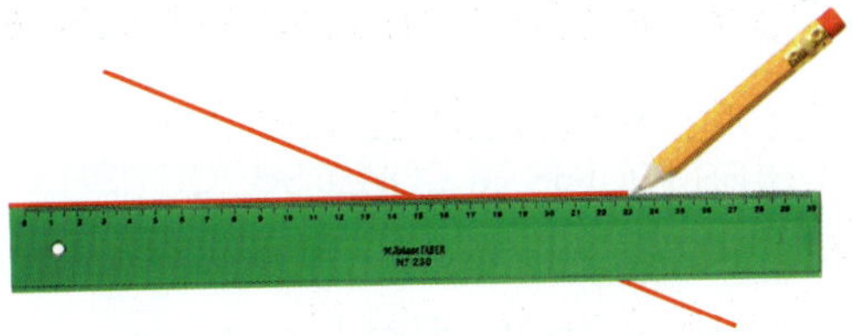

- Dos rectas paralelas.
- Tres rectas paralelas.
- Dos rectas secantes.
- Tres rectas secantes que se corten en un punto.

4 **Calca las rectas, prolóngalas y escribe si son paralelas o secantes.**

- La recta roja y la naranja.
- La recta verde y la roja.
- La recta naranja y la verde.
- La recta verde y la azul.

Problemas

5 **Observa el plano y escribe en tu cuaderno.**

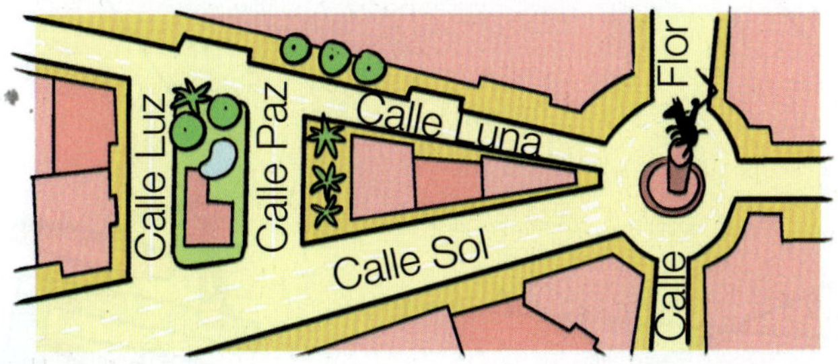

- Las calles paralelas a la calle Paz.
- Una calle secante a la calle Luz.
- Las calles secantes a la calle Flor.
- Las calles secantes a la calle Luna.

PENSAMIENTO

Dibuja un plano en tu cuaderno que corresponda a la descripción.

- La calle Cristal es paralela a la calle Espejo.
- La calle Rosal es paralela a la calle Jazmín.
- La calle Cristal no es paralela a la calle Rosal.

Ángulos

- Dos rectas secantes al cortarse forman cuatro ángulos.
  Un **ángulo** tiene dos **lados** y un **vértice**.

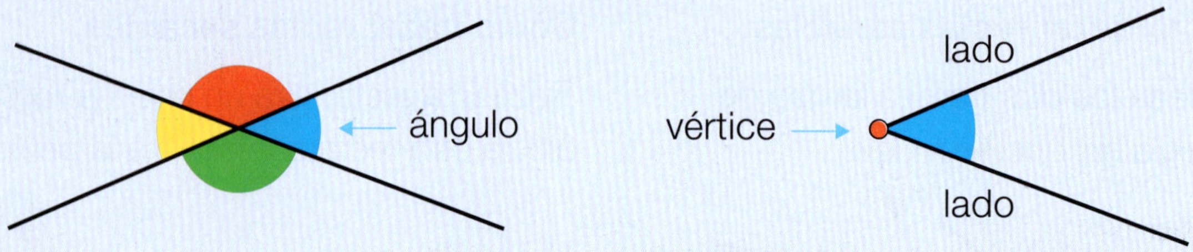

- Estas rectas al cortarse forman cuatro ángulos iguales.
  Cada ángulo es un ángulo recto y las rectas son
  rectas perpendiculares.

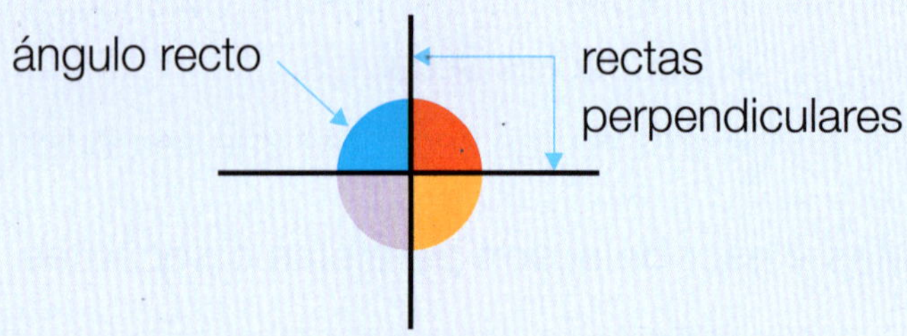

1 Calca los ángulos en tu cuaderno y escribe *lado* y *vértice* donde corresponda.

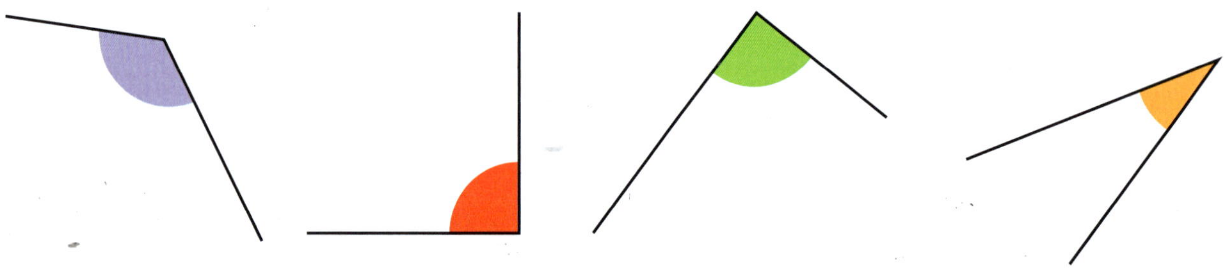

2 Observa las rectas y contesta.

- ¿Cuántos ángulos se forman al cortarse las rectas rojas?
  ¿Y las rectas verdes?
- ¿En qué rectas se forman cuatro ángulos iguales?
  ¿Cómo se llama cada ángulo? ¿Y las rectas?

3 ¿Qué tipo de ángulo es? Comprueba con la escuadra y escribe en tu cuaderno.

HAZLO ASÍ

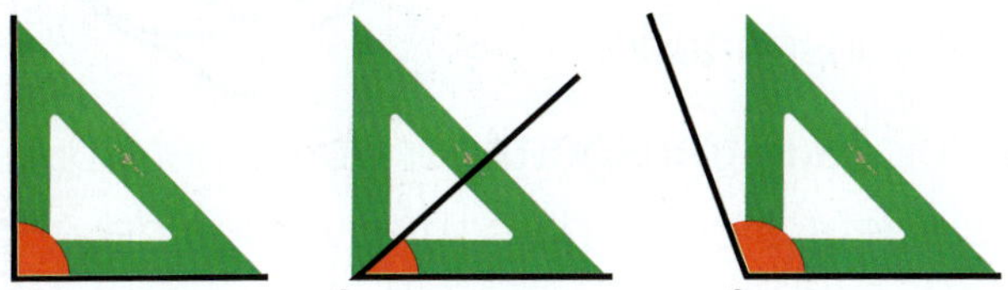

Ángulo recto Ángulo agudo Ángulo obtuso

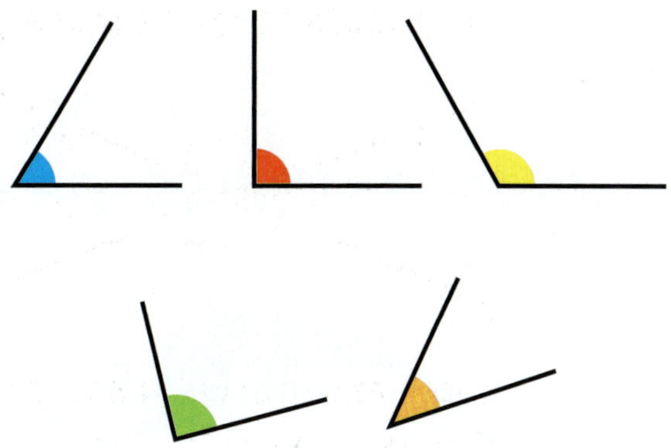

4 ¿Qué rectas son perpendiculares? Utiliza la escuadra y escribe en tu cuaderno.

PRESTA ATENCIÓN

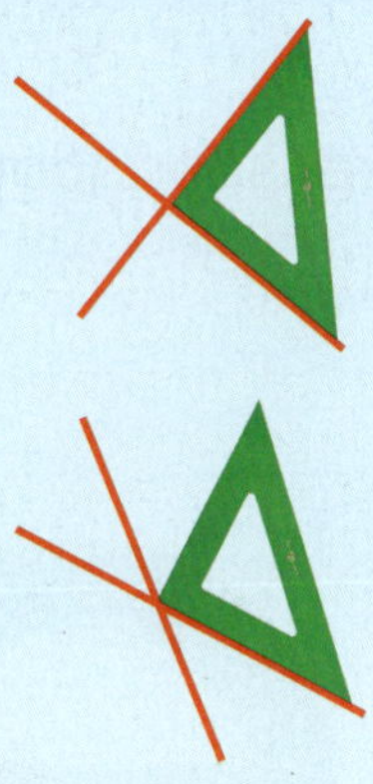

Rectas perpendiculares

Rectas no perpendiculares

Problemas

5 Observa el dibujo y contesta.

¿Qué tipo de ángulo forma cada bola de billar al rebotar en los lados de la mesa?

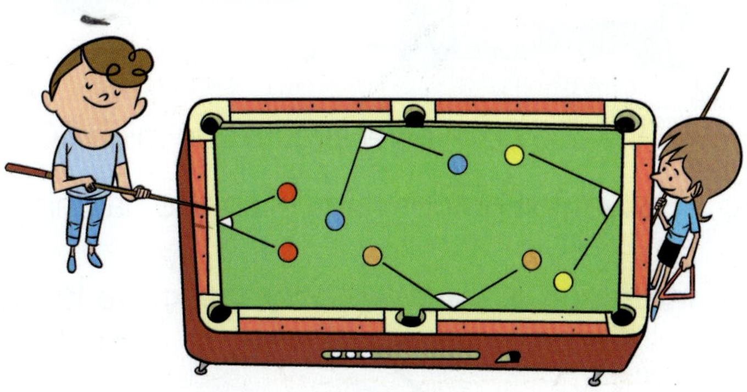

CREATIVIDAD

Utiliza la regla para dibujar una casa en la que aparezcan al menos dos ángulos obtusos.

Medida de ángulos con el transportador

Para medir los ángulos utilizamos el transportador.
La medida de un ángulo se expresa en **grados**.

1 grado ▸ 1°

Observa cómo se mide un ángulo con el transportador.

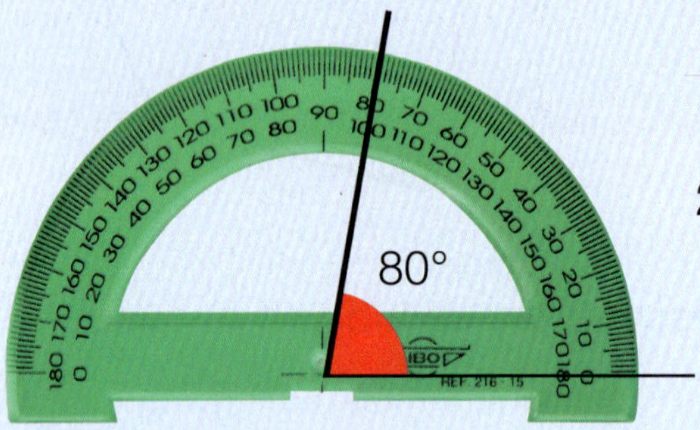

1.° Coloca el transportador de manera que su centro coincida con el vértice del ángulo y uno de los lados del ángulo pase por 0°.

2.° Mira en el transportador el número por el que pasa el otro lado del ángulo. Ese número es la medida del ángulo en grados.

El ángulo rojo mide 80 grados ▸ Mide 80°.

La medida de un ángulo se expresa en grados y se mide con el transportador.

1 Observa y contesta.

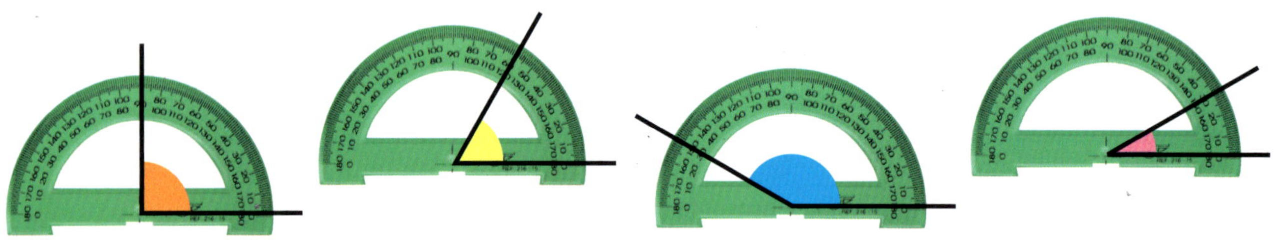

- ¿De qué color es el ángulo que mide 60°? ¿Y el ángulo que mide 150°?
- ¿Cuántos grados mide el ángulo naranja? ¿Y el ángulo rosa?

2 Mide con el transportador y escribe la medida en grados de cada ángulo.

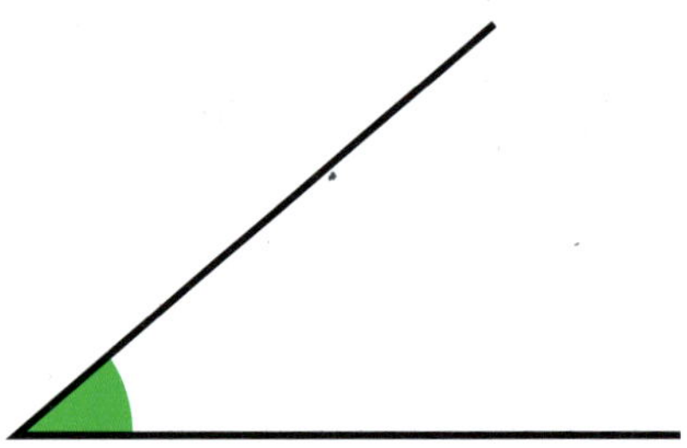

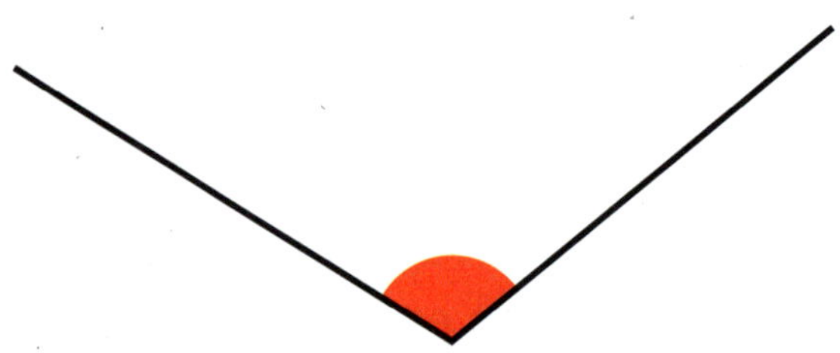

EJEMPLO

El ángulo verde mide … grados ▸ …°

Simetría y traslación

David dibuja figuras sobre cuadrícula.

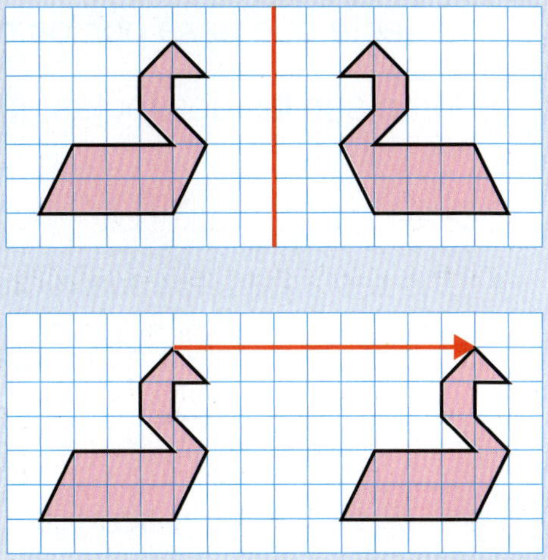

David comprueba que, al doblar por la recta roja, las dos figuras coinciden. La recta roja es el **eje de simetría** y las figuras son **simétricas** respecto a la recta roja.

David comprueba que, si mueve la figura de la izquierda 9 cuadrados a la derecha, las dos figuras coinciden. Es una **traslación**.

1 **Escribe en tu cuaderno si las figuras son simétricas respecto a la recta roja.**

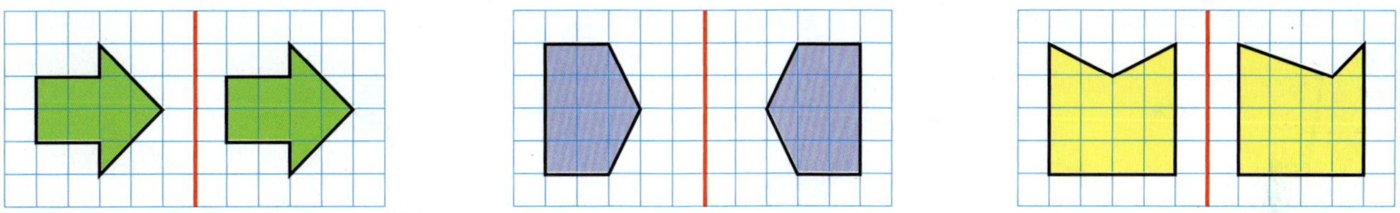

2 **Copia la figura y dibuja.**

La figura simétrica respecto a la recta roja.

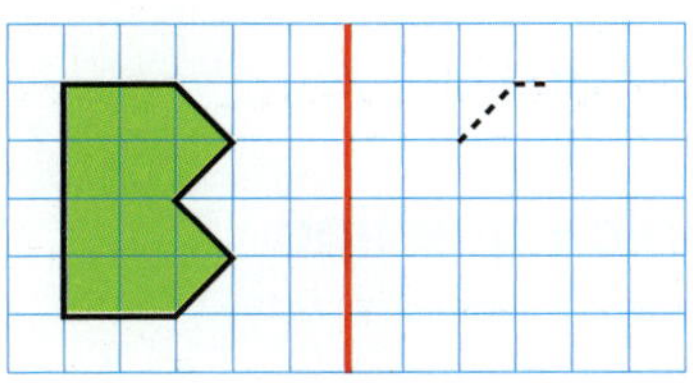

La figura trasladada 8 cuadrados a la derecha.

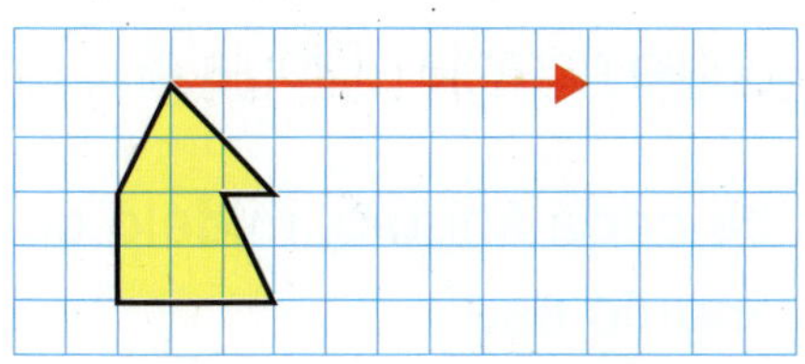

3 **Calca cada figura y traza en tu cuaderno dos ejes de simetría que la dividan en dos partes simétricas.**

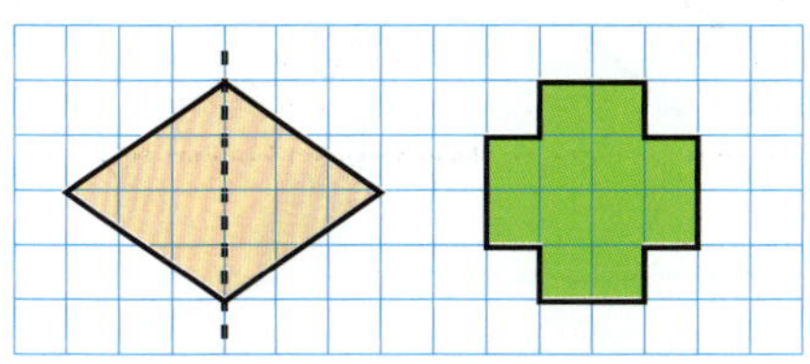

COMPRUEBO MI PROGRESO

1 Calca los puntos y dibuja.

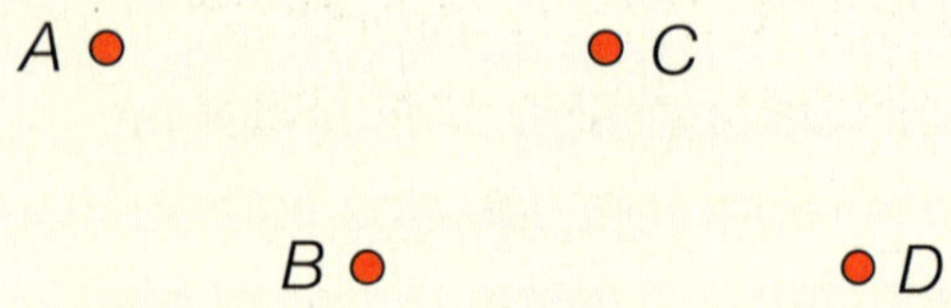

- La recta que pasa por los puntos *A* y *B*.
- La recta que pasa por los puntos *C* y *D*.

¿Cómo son las dos rectas que has dibujado?

2 Calca las rectas y dibuja.

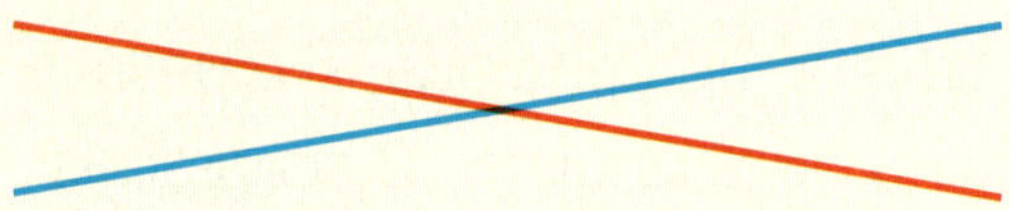

- Una recta paralela a la recta roja.
- Una recta paralela a la recta azul.
- Una recta secante a la recta roja.

3 Observa el dibujo y contesta.

- ¿Qué rectas son perpendiculares a la recta roja?
- ¿Cómo son esas rectas entre sí?

4 Utiliza la escuadra y clasifica estos ángulos.

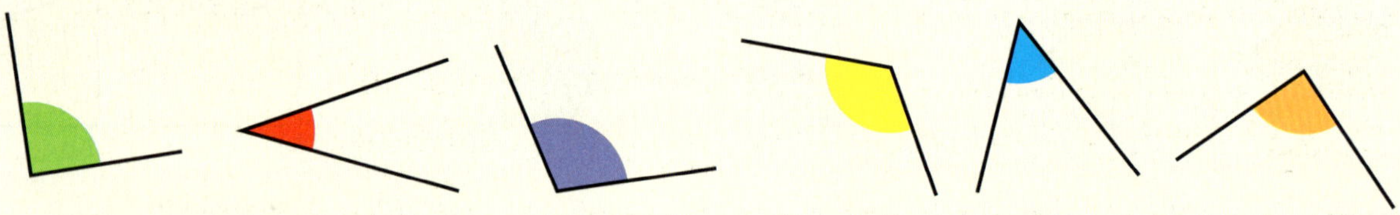

5 TIEMPO PARA HABLAR. Dibuja los ángulos y explica a un compañero las semejanzas y diferencias entre ellos.

Un ángulo agudo. Un ángulo obtuso.

¿Puedes dibujar otros ángulos agudos que tengan el mismo vértice que el ángulo naranja? Dibuja dos más.

6 Calca cada ángulo, mídelo con el transportador e indica qué tipo de ángulo es.

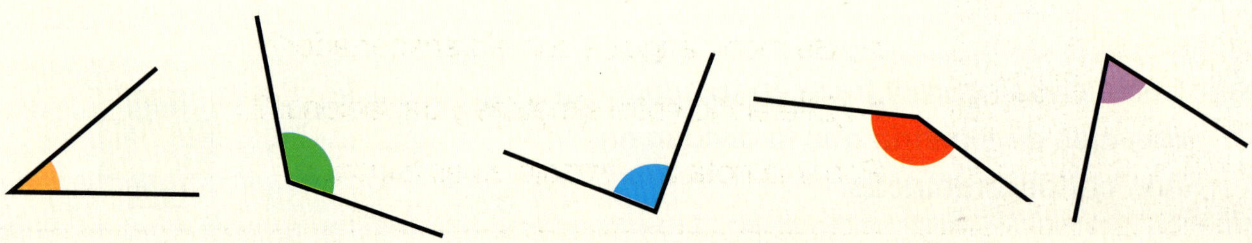

7 **En cada caso, copia en tu cuaderno la pareja correcta.**

La flecha roja y su simétrica respecto al eje verde.

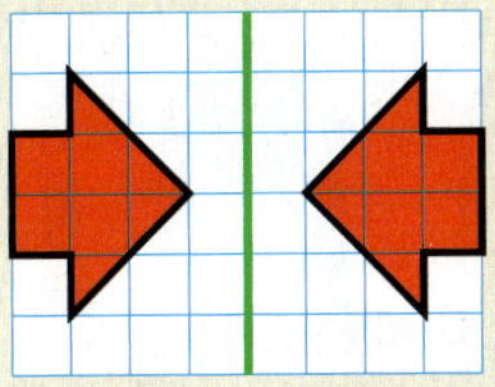

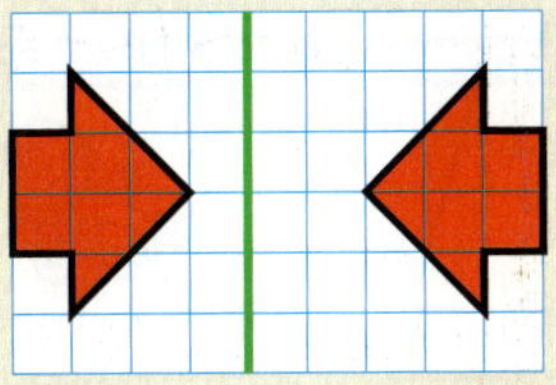

La flecha azul y la trasladada 4 cuadraditos a la derecha.

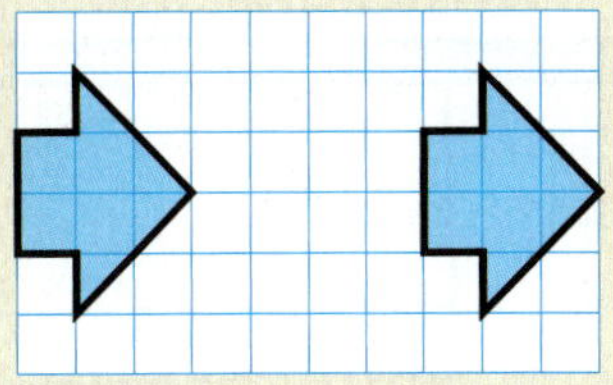

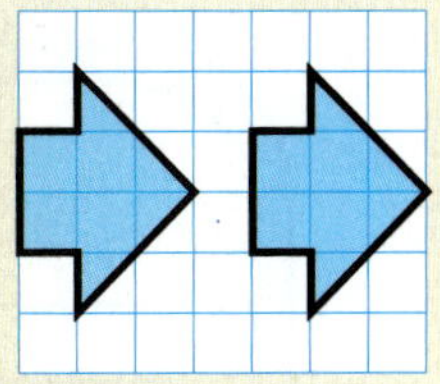

Problemas

8 **Observa las piezas del juego de Sergio y contesta.**

- ¿Cuántos ángulos rectos hay en la pieza azul? Cálcala y marca cada ángulo.
- ¿Cuántos ángulos rectos tiene la pieza amarilla? ¿Y agudos? Cálcala y marca el ángulo recto de un color y los agudos de otro.
- ¿De qué tipo es cada ángulo de la pieza verde? ¿Y de la pieza naranja?
- ¿En qué piezas puedes trazar rectas paralelas? Cálcalas y dibuja un par de rectas paralelas en cada una.
- ¿En qué piezas puedes trazar rectas perpendiculares? Cálcalas y dibuja un par de rectas perpendiculares en cada una.

¿CÓMO LO HE HECHO? **Responde en tu cuaderno.**

- ¿Conozco los tipos de ángulos?
- ¿Sé medir ángulos con el transportador?
- ¿Diferencio entre simetrías y traslaciones?

Pon una nota a tu trabajo en esta unidad.

Describir caminos en un plano

Eva y Daniel fueron a la estación de esquí. Ahora están en la plaza de la calle Mayor y eligen en el plano el camino para ir a varios sitios.

1 Observa el plano y contesta.

Para ir al museo	Suben por la calle Mayor. Cogen la primera calle perpendicular a la calle Mayor. El museo está en esa calle. ¿Cómo se llama la calle?
Para ir al polideportivo	Suben por la calle Mayor. Cogen la segunda calle perpendicular a la calle Mayor. Siguen por esta calle y cogen la primera calle perpendicular. El polideportivo está en esa calle. ¿Cómo se llama la calle?

2 Lee y describe el camino que debe seguir cada uno.

- Mónica se encuentra en la estatua de la calle de los Músicos y quiere ir al cine.
- Enrique sale del cine y se dirige a la plaza.
- Victoria está en la calle Arboleda, junto al parque, y quiere ir al cine.

Juega con los ángulos

Material: Tarjetas plastificadas para escribir (reverso de las tarjetas de numeración). Rotulador, regla y transportador.

Número de jugadores: 5

Reglas del juego:

Un participante, por turnos y sin que los demás le vean, utiliza el transportador para dibujar en la tarjeta un ángulo con una medida exacta, y se lo enseña a los compañeros.

El resto de participantes escriben en un papel lo que estiman que mide el ángulo. Los jugadores que acierten la medida ganan 1 punto.

Ganador: Gana el jugador que consiga primero 3 puntos.

1. Estima la medida de estos ángulos y anótala en tu cuaderno. Después, mídelos con un transportador y calcula el error que has cometido en tu estimación.

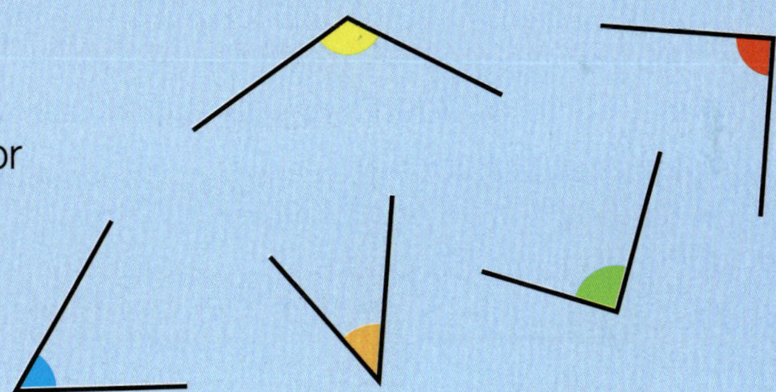

Retos matemáticos

Perros y gatos

Todas las mascotas de mi vecina son perros, menos una, y todas son gatos, menos una. ¿Cuántos perros y gatos tiene mi vecina?

Solución de problemas

Completar enunciados

Vamos a completar el enunciado del problema con las palabras y los datos que nos dan.

Una furgoneta transporta … de … Cada … tiene … ¿Cuántas … lleva la furgoneta?

botellas | 4 cajas | botellas | 8 | botellas | caja

▸ Para poder completarlo bien es necesario leerlo entero varias veces. Este es el problema:

Una furgoneta transporta 4 cajas de botellas. Cada caja tiene 8 botellas. ¿Cuántas botellas lleva la furgoneta?

Resuelve el problema en tu cuaderno.

Completa en tu cuaderno cada problema con las palabras y datos que se dan. Después, resuélvelo.

1. Mario tiene … Su padre … ¿Cuántos …?

28 años | tiene | años | más que él | años | 7 | tiene su padre

2. Lidia entrena … Esta semana solo entrenó … y cada día corrió … ¿Cuántos …?

kilómetros | esta semana | kilómetros | 7 días | corrió | 3 | a la semana | 6 días

1 **Escribe cómo se lee cada número.**

- 6.178
- 2.094
- 7.609
- 42.367
- 20.823
- 45.060
- 39.002

2 **Escribe los números.**

- 2 UM + 7 D + 5 U
- 8 UM + 3 C
- 1 DM + 6 UM + 9 C
- 4 DM + 5 U

3 **Escribe.**

- Los números mayores que 6.793 y menores que 6.805.
- El mayor número de cuatro cifras y el menor número de cinco cifras.

4 **Aproxima.**

- A las centenas: 208, 465 y 729.
- A los millares: 3.946, 6.470 y 8.832.

5 **Coloca los números y calcula.**

- 624 + 5.137 + 85
- 95 + 710 + 6.347
- 6.718 − 325
- 1.860 − 74

6 **Completa en tu cuaderno.**

8 × 5 = …	8 × 9 = …
8 × 7 = …	8 × 6 = …
8 × 8 = …	8 × 4 = …

9 × 3 = …	9 × 5 = …
9 × 7 = …	9 × 4 = …
9 × 8 = …	9 × 7 = …

Problemas

7 En un colegio hay 438 alumnos de Primaria y 109 de Infantil. ¿Cuántos alumnos hay en el colegio? ¿Cuántos hay de Primaria más que de Infantil?

8 ¿Cuántos euros han rebajado el sillón de la derecha?

9 En una clase hay 3 percheros. Cada perchero tiene 8 perchas. ¿Cuántas perchas hay en total en la clase?

10 Rocío está leyendo un libro de 632 páginas. Ha leído ya 285. ¿Cuántas páginas le faltan por leer a Rocío?

11 En una biblioteca hay 1.675 libros en inglés y 2.893 libros en castellano más que en inglés. ¿Cuántos libros hay en total en la biblioteca?

Cálculo mental

Suma 9 a números de dos cifras: primero suma 10 y luego resta 1

+ 9

54 → (+ 10) → 64 → (− 1) → 63

17 + 9	63 + 9
36 + 9	71 + 9
49 + 9	85 + 9

Resta 9 a números de dos cifras: primero resta 10 y luego suma 1

− 9

67 → (− 10) → 57 → (+ 1) → 58

32 − 9	53 − 9
47 − 9	66 − 9
61 − 9	85 − 9

Un número, una suma y una resta

Escribe 26 como resultado de una suma en la que uno de los sumandos sea 9, y de una resta en la que el sustraendo sea 9.

Pequeños problemas

Calcula mentalmente

1. En un campeonato de ajedrez había apuntadas 37 personas. Ayer se apuntaron 9 más. ¿Cuántas personas hay apuntadas ahora?

2. Un camión lleva 86 sacos de patatas, y una furgoneta, 9 sacos menos. ¿Cuántos sacos lleva la furgoneta?

¿Qué sabes ya?

La suma y la multiplicación

¿Cuántos globos hay en total?

Suma de sumandos iguales:

3 + 3 + 3 + 3 = 12

Multiplicación:

3 × 4 = 12

1 ¿Cuántas manzanas hay en total? Copia y completa en tu cuaderno.

Suma ▸ … + … = …

Multiplicación ▸ … × … = …

2 ¿Cuántos dados hay en 6 bolsas como esta? Calcula y contesta en tu cuaderno.

4 Multiplicación

Tiempo para hablar

- ¿Cuántas personas pueden ir en cada vagoneta de la montaña rusa? Si tiene 9 vagonetas, ¿cuántas personas podrán subir en ella?
- Una noria tiene 8 góndolas con 4 personas en cada una. ¿Cuántas personas hay en la noria?
- ¿Con qué operación has respondido las preguntas anteriores? Explica si podrías hacerlo de otra forma.

SABER HACER

Calcular precios.

Tablas de multiplicar

¿Cuántas piezas hay colocadas en este puzle?

Hay 5 piezas en cada fila. Hay 3 filas.

$$5 + 5 + 5 = 5 \times 3 = 15$$

Hay 15 piezas.

Observa cómo se llaman los términos de la multiplicación.

$5 \times 3 = 15$

Factores (5 y 3) — Producto (15)

- La multiplicación es una suma de sumandos iguales.
- Los términos de la multiplicación son los factores y el producto.

1 **Completa las series en tu cuaderno y contesta.**

- Suma 3 cada vez ▸ 0, 3, 6, …, hasta 30.
- Suma 5 cada vez ▸ 0, 5, 10, …, hasta 50.
- Suma 7 cada vez ▸ 0, 7, 14, …, hasta 70.

¿A qué tabla de multiplicar corresponden los números de cada serie?

2 **Copia en tu cuaderno y calcula.**

RECUERDA

Repasa las tablas de multiplicar y memorízalas.

2×6	5×3	8×6
3×7	6×7	8×7
3×6	7×6	9×5
4×5	7×9	9×8

3 **Piensa, escribe la multiplicación en tu cuaderno y contesta.**

Una multiplicación cuyos factores son 5 y 7.

¿Cuál es su producto?

Una multiplicación cuyo producto sea 24.

¿Cuáles son sus factores?

4 Calcula las multiplicaciones y contesta.

- ¿Son iguales los factores de las dos multiplicaciones que hay en cada globo? ¿Son iguales sus productos?
- ¿Influye el orden de los factores en el producto de la multiplicación?
- ¿Cómo te puede ayudar esta propiedad para memorizar las tablas?

5 Lee y calcula.

HAZLO ASÍ

Cómo se multiplican tres números

Multiplica los dos primeros números y luego multiplica el resultado por el tercero.

3 × 2 × 4
6 × 4
24

- 2 × 1 × 8
- 2 × 3 × 7
- 2 × 4 × 5
- 3 × 1 × 9
- 5 × 2 × 6
- 3 × 3 × 4
- 4 × 2 × 6
- 5 × 1 × 9
- 7 × 1 × 8
- 5 × 2 × 7

Problemas

6 Resuelve.

- En un parque hay 5 filas de cerezos. En cada fila hay 8 cerezos. ¿Cuántos cerezos hay en el parque?
- Para su restaurante, Enrique compra 9 cajas con 6 zumos cada una. ¿Cuántos zumos compra en total?
- Blanca tiene un juego con 4 cajas de piezas de colores. Cada caja tiene 2 bolsas con 10 piezas cada una. ¿Cuántas piezas en total tiene el juego?

CREATIVIDAD

Inventa rimas con las tablas de multiplicar.

EJEMPLO Tres por cinco, quince.
He dibujado un lince.

Multiplicaciones sin llevar

En el colegio de Andrea han organizado un concurso de cuentos. Se han presentado 41 cuentos de 8 páginas cada uno. ¿Cuántas páginas se han presentado en total?

Multiplica 41 × 8

1.° Coloca los números y multiplica 8 por las unidades, $8 \times 1 = 8$.

D	U
4	1
×	8
	8

2.° Multiplica 8 por las decenas, $8 \times 4 = 32$.

	D	U
	4	1
	×	8
3	2	8

En total se han presentado 328 páginas.

1 Copia, calcula cada multiplicación y escribe cómo se llaman sus términos.

RECUERDA

Empieza a multiplicar por las unidades.

D	U
6	2
×	4

D	U
7	1
×	5

C	D	U
4	2	0
	×	2

C	D	U
5	1	2
	×	4

UM	C	D	U
2	3	0	1
		×	3

EJEMPLO

C	D	U	
1	2	3	◂ factor
	×	2	◂ factor
2	4	6	◂ producto

2 Coloca los números y calcula.

- 34 × 2
- 91 × 6
- 802 × 2
- 613 × 3
- 421 × 4
- 710 × 5
- 6.213 × 2
- 9.210 × 3

3 Calcula.

- 10 × 2 × 3
- 20 × 3 × 5
- 30 × 4 × 2
- 100 × 7 × 6
- 200 × 4 × 9
- 300 × 4 × 3

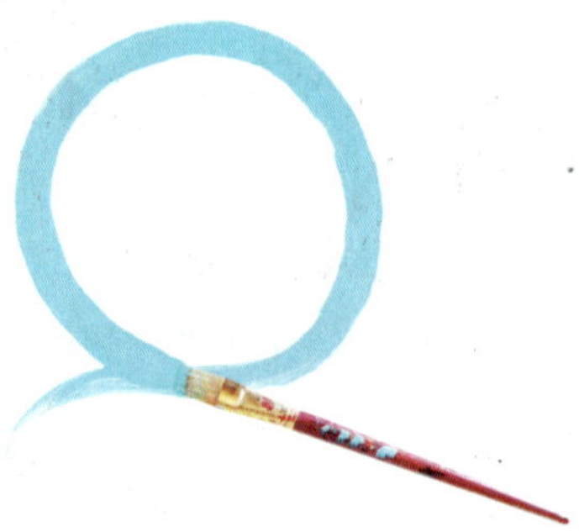

4 **Lee y calcula.**

- ¿Cuántas páginas tiene cada colección?
- ¿Cuántas páginas en total tienen la colección Lince y la colección Pantera?
- ¿Cuántas páginas tiene la colección Lince menos que la colección Pantera?
- ¿Cuántas páginas tiene la colección Pantera más que la colección Delfín?

Problemas

5 **Resuelve.**

- Ernesto tiene un álbum con 110 páginas. En cada página hay 6 cromos. ¿Cuántos cromos tiene Ernesto?
- Cada día, Tania camina durante 40 minutos. ¿Cuántos minutos en total camina en una semana?
- En una biblioteca hay 4 estanterías con 90 libros cada una. ¿Cuántos libros hay en la biblioteca?

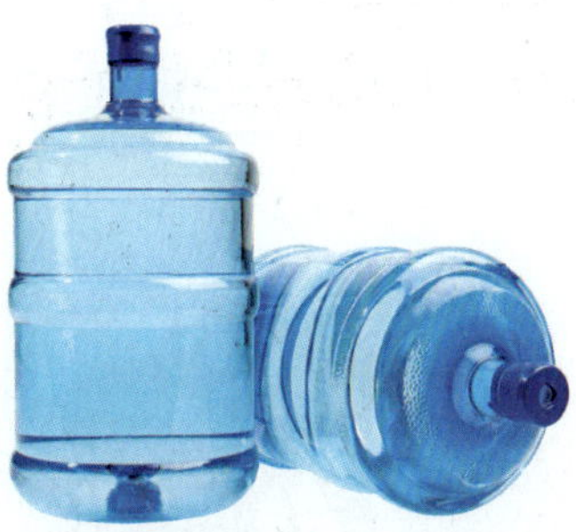

- Felipe carga en su furgoneta 100 cajas con 4 bidones de agua cada una. Cada bidón contiene 5 litros. ¿Cuántos litros de agua transporta Felipe en su furgoneta?
- Andrea va al banco a cambiar monedas. Lleva 3 bolsas con 40 monedas de 2 € cada una. ¿Cuánto dinero lleva en total Andrea para cambiar?

PENSAMIENTO

¿Qué cifras ha tapado cada mancha de pintura?
Piensa y completa en tu cuaderno las multiplicaciones.

● 3 2 ●	1 ● 2 ●	5 2 1	7 3 0
× 3	× 4	× ●	× ●
3 9 6 9	4 0 8 8	1 5 6 3	1 4 6 0

Multiplicaciones llevando

Ismael hace las fotos de una revista sobre plantas.
Esta semana ha hecho 3 reportajes de 157 fotos cada uno.
¿Cuántas fotos ha hecho en total?

Multiplica 157 × 3

1.° Coloca los números y multiplica 3 por las unidades, $3 \times 7 = 21$.

$$\begin{array}{rrr} C & D & U \\ & ② & \\ 1 & 5 & 7 \\ & \times & 3 \\ \hline & & 1 \end{array}$$

2.° Multiplica 3 por las decenas, $3 \times 5 = 15$. Suma las que te llevas, $15 + 2 = 17$.

$$\begin{array}{rrr} C & D & U \\ ① & ② & \\ 1 & 5 & 7 \\ & \times & 3 \\ \hline & 7 & 1 \end{array}$$

3.° Multiplica 3 por las centenas, $3 \times 1 = 3$. Suma las que te llevas, $3 + 1 = 4$.

$$\begin{array}{rrr} C & D & U \\ ① & ② & \\ 1 & 5 & 7 \\ & \times & 3 \\ \hline 4 & 7 & 1 \end{array}$$

En total ha hecho 471 fotos.

1 Copia las multiplicaciones y calcula.

PRESTA ATENCIÓN

Primero multiplica y después suma las que te llevas.

$$\begin{array}{rr} D & U \\ 3 & 7 \\ \times & 2 \\ \hline \end{array} \qquad \begin{array}{rr} D & U \\ 5 & 4 \\ \times & 6 \\ \hline \end{array} \qquad \begin{array}{rrr} C & D & U \\ 1 & 0 & 6 \\ & \times & 7 \\ \hline \end{array} \qquad \begin{array}{rrr} C & D & U \\ 6 & 2 & 1 \\ & \times & 8 \\ \hline \end{array}$$

2 Coloca los números y calcula.

- 25 × 3
- 83 × 4
- 96 × 5
- 54 × 7
- 62 × 8
- 47 × 9
- 438 × 2
- 372 × 3
- 654 × 4
- 732 × 5
- 486 × 6
- 594 × 7

3 Calcula.

- 25 × 3 × 2
- 47 × 2 × 1
- 65 × 4 × 3
- 142 × 4 × 5
- 317 × 3 × 4
- 108 × 5 × 3

EJEMPLO

25 × 3 × 2
↘ ↙
75 × 2
↘ ↙
150

4 **Coloca los números y calcula.**

- 2.753 × 2
- 5.328 × 4
- 2.854 × 6
- 3.651 × 3
- 4.573 × 5
- 1.352 × 8

EJEMPLO

$$\begin{array}{r} {}^{1}\ {}^{1}\quad \\ 2\,7\,5\,3 \\ \times\ 2 \\ \hline 5\,5\,0\,6 \end{array}$$

5 **Lee y calcula.**

RECUERDA

- Para calcular el doble de un número se multiplica el número por 2.
- Para calcular el triple de un número se multiplica el número por 3.

El doble

- 19
- 38
- 126
- 582
- 1.650

El triple

- 26
- 64
- 235
- 463
- 1.306

Problemas

6 **Resuelve.**

- Manuel vive a 125 metros del colegio. Cada día, Manuel recorre esta distancia 6 veces. ¿Cuántos metros recorre al día?
- Ayer, las cuatro salas del cine se llenaron. En cada sala caben 185 personas. ¿Cuántas personas fueron al cine ayer?
- Un juego tiene fichas de 5 colores. Hay 45 fichas de cada color. ¿Cuántas fichas tiene el juego?
- Para hacer un trabajo manual, la profesora ha comprado 28 paquetes con cartulinas de 4 colores. Cada paquete tiene 2 cartulinas de cada color. ¿Cuántas cartulinas ha comprado en total la profesora?

Piensa y contesta

Luz y Sergio juegan a lanzar 3 dados y multiplicar los 3 números.

- ¿Cuál es la menor puntuación que pueden sacar? ¿Y la mayor?
- Imagina que Luz saca 120 puntos. ¿Qué podría sacar Sergio en los tres dados para ganarle? ¿Hay más de una posibilidad?

PENSAMIENTO

COMPRUEBO MI PROGRESO

1 **Copia y calcula.**

- 2 × 7
- 3 × 9
- 4 × 8
- 5 × 6
- 6 × 7
- 6 × 9
- 7 × 6
- 7 × 4
- 8 × 3
- 8 × 8
- 9 × 5
- 9 × 9

2 **¿Cuántos cuadrados hay de cada color? Calcúlalo con dos multiplicaciones.**

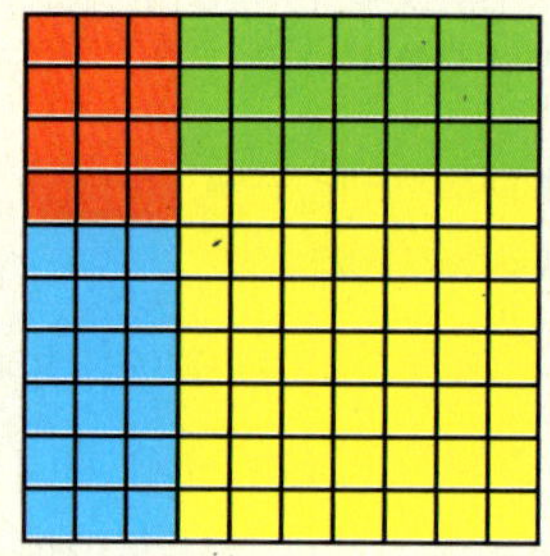

EJEMPLO ■ ▸ 3 × 4 = …
4 × 3 = …

3 **Piensa y completa en tu cuaderno el factor que falta.**

- 2 × ● = 14
- 3 × ● = 18
- 4 × ● = 36
- ● × 5 = 40
- ● × 7 = 63
- ● × 8 = 72

4 **Multiplica tres números.**

- 2 × 4 × 8
- 3 × 2 × 6
- 3 × 3 × 9
- 4 × 2 × 7
- 2 × 3 × 10

Ahora multiplica primero los factores cuyo producto sea una decena.

EJEMPLO 2 × 7 × 5
10 × 7 = 70

- 5 × 9 × 2
- 3 × 5 × 6
- 6 × 4 × 5
- 5 × 7 × 8

5 **Coloca los números y calcula.**

- 43 × 2
- 61 × 5
- 59 × 6
- 72 × 8
- 312 × 4
- 940 × 5
- 629 × 3
- 826 × 7
- 2.506 × 4
- 7.982 × 6

6 TIEMPO PARA ESCRIBIR. **Explica cómo se halla el doble y el triple de un número. Después, calcula.**

- El doble de cada número: 11, 23, 674 y 853.
- El triple de cada número: 12, 49, 312 y 670.

7 **Lee y calcula.**

- Hay 4 cajas. En cada caja hay 3 bolsas con 2 gorras cada una. ¿Cuántas gorras hay?
- Hay 5 cajas. En cada caja hay 4 bolsas con 9 globos cada una. ¿Cuántos globos hay?

8 Resuelve.

- En la oficina, Fabiana manda cada día por la mañana 9 correos, y por la tarde, otros 6. ¿Cuántos correos manda en total de lunes a viernes?

- Raquel compra 3 gorros y entrega para pagar 50 €. Le devuelven 25 €. ¿Le han dado de más o de menos? ¿Cuánto?
- Alejandro compra 4 bufandas para regalar. Al pagar le dicen que están rebajadas y solo le cobran 39 €. ¿Cuánto le han rebajado?

9 Observa y resuelve.

Cristina necesitaba comprar algunos muebles para su nuevo apartamento. Buscó ofertas en Internet y esta es la que más le gustó.

Rebajamos los precios

SILLAS
Desde 20 € hasta 50 €

MESAS
Desde 60 € hasta 150 €

SOFÁS
Desde 120 € hasta 275 €

MUEBLES DE SALÓN
Desde 295 € hasta 1.200 €

- Cristina compró dos mesas de 60 € y una de 150 €. ¿Cuánto le costaron las tres mesas?
- Pensó en comprar 6 sillas del modelo más barato. ¿Habría tenido suficiente para pagarlas con 100 €?
- Al final, Cristina encargó 4 sillas del modelo más caro. Al pagarlas le rebajaron 70 €. ¿Cuánto pagó en total por las sillas?
- Para pagar el mueble del salón, Cristina entregó primero 120 € y después pagó 4 plazos de 115 € cada uno. ¿Cuál fue el precio total del mueble?

¿CÓMO LO HE HECHO? **Responde en tu cuaderno.**

- ¿Sé calcular multiplicaciones sin llevar y llevando?
- ¿Sé calcular el doble y el triple de un número?
- ¿Resuelvo problemas de sumas, restas y multiplicaciones?

Pon una nota a tu trabajo en esta unidad.

Calcular precios

Son las fiestas del barrio y han instalado una feria con muchas atracciones. Una de las atracciones más visitadas es Los Trenes Locos.

1 Lee y resuelve.

- ¿Cuántas personas pueden subir en los 8 trenes rojos? ¿Y en los 10 azules?
- Un grupo de amigos ha llenado 4 trenes rojos y 1 tren verde. ¿Cuántas personas formaban el grupo de amigos?
- Los amigos de Samuel han cogido 4 trenes amarillos y sobraban 2 plazas. ¿Cuántos amigos han subido en total a los trenes amarillos?
- Un grupo de 25 personas está esperando para subir a los trenes locos. Cuando les toca su turno, hay libres 3 trenes amarillos y 1 tren verde. ¿Podrán subir todas?

2 Resuelve estos problemas con tu compañero.

- Un viaje en el tren rojo cuesta 10 €, y un viaje en el tren azul, 11 €. La familia de Andrea ha llenado 2 trenes rojos y 1 tren azul. ¿Cuánto pagarán en total?
- El sábado visitaron la feria 2.340 personas, y el domingo, el doble de personas. ¿Cuántas personas visitaron la feria el domingo?
- El jueves visitaron la feria 1.203 personas y el viernes la visitaron el triple de personas. ¿Cuántas personas la visitaron el viernes?

Juega con las tablas de multiplicar

Material: Tarjetas plastificadas para escribir (reverso de las tarjetas de numeración). Lámina de tablas y rotulador.

Número de jugadores: 5

Reglas del juego:

Un jugador, por turnos, anota en la tarjeta un número elegido en la lámina de las tablas.

El resto de jugadores, por orden, deberán adivinarlo haciendo una pregunta en la que incluyan al menos una palabra como *tabla*, *columna*, *factores*… y dando el número que piensan que puede ser.

El jugador que acierte obtendrá 1 punto.

Ganador: Gana quién primero consiga 6 puntos.

Tablas de multiplicar

×	0	1	2	3	4	5	6	7	8	9	10
0	0	0	0	0	0	0	0	0	0	0	0
1	0	1	2	3	4	5	6	7	8	9	10
2	0	2	4	6	8	10	12	14	16	18	20
3	0	3	6	9	12	15	18	21	24	27	30
4	0	4	8	12	16	20	24	28	32	36	40
5	0	5	10	15	20	25	30	35	40	45	50
6	0	6	12	18	24	30	36	42	48	54	60
7	0	7	14	21	28	35	42	49	56	63	70
8	0	8	16	24	32	40	48	56	64	72	80
9	0	9	18	27	36	45	54	63	72	81	90
10	0	10	20	30	40	50	60	70	80	90	100

SANTILLANA

1. Escribe el número que ha pensado Martina a partir de estas pistas.

- ¿Cuántas veces se repite en toda la tabla? 4 veces.
- ¿Está en la columna del 5? No.
- ¿Está en la fila del 8? Sí.

Retos matemáticos

Dos filas, tres monedas

Moviendo solo una moneda, consigue dos filas con tres monedas en cada fila.

Atravesando vagones

Voy en un tren que lleva 11 vagones. Yo viajo en el segundo, y quiero ir hasta el antepenúltimo vagon.

¿Cuántos vagones tengo que atravesar para ir hasta allí y regresar a mi vagón?

Solución de problemas

Sacar conclusiones de un enunciado

Vamos a ver qué oraciones son correctas a partir del enunciado.

Lola tenía en su tienda 4 bolsas de mandarinas.
Cada bolsa tenía 10 mandarinas.
Cuando cerró, le quedaban 3 bolsas por vender.

A. Lola vendió 2 bolsas.

B. A Lola le quedaron 30 mandarinas.

C. Lola tenía 40 mandarinas a la venta.

D. Lola vendió 30 mandarinas.

▸ Analiza cada oración.

A. Le quedaban 3 bolsas por vender y tenía 4 bolsas.
Por tanto, Lola vendió 1 bolsa.
La oración es incorrecta.

Continúa tú y copia en tu cuaderno las oraciones verdaderas.

¿Qué oraciones son correctas? Lee y cópialas en tu cuaderno.

1 María es más alta que Juan y más baja que Lucas.
Además, Juan es más alto que Teo.

A. Lucas es más alto que María.

B. Juan es más alto que Lucas.

C. Lucas es el más alto.

D. María es más alta que Teo.

E. Teo es el más bajo.

2 Ayer, en el restaurante de Luis pidieron carne 15 hombres y 12 mujeres.
Pidieron pescado 13 hombres y 16 mujeres.

A. Los hombres prefirieron más la carne que el pescado.

B. Pidieron pescado más hombres que mujeres.

C. Las mujeres prefirieron el pescado a la carne.

D. Se pidió más carne que pescado.

1 **¿Cuántas unidades son? Copia y completa en tu cuaderno.**

- 3 UM = … U
- 5 UM = … U
- 6 DM = … U
- 7 DM = … U

2 **Escribe los números.**

- Comprendidos entre 9.995 y 10.005.
- Comprendidos entre 21.097 y 21.107.

3 **Escribe con letras o con cifras.**

- 7.509
- 8.760
- 9.009
- 45.016
- 60.120
- 84.085
- Cuatro mil doscientos treinta y nueve.
- Veinte mil doscientos diecinueve.

4 **Coloca los números y calcula.**

- 23.765 + 15.574
- 84.539 + 8.436
- 52.031 − 24.965
- 71.040 − 9.438

5 **Observa los bombones que tiene cada caja y calcula.**

- Javier compró una caja de bombones y Andrea otra. Javier compró el doble de bombones que Andrea. ¿Qué cajas pudieron comprar?
- Susana compró una caja de bombones y David otra. Susana compró el triple de bombones que David. ¿Qué cajas pudieron comprar?

Problemas

6 Marta está haciendo una colección de 150 cromos de castillos. En el álbum ya tiene 85 cromos y su amigo Álvaro le ha dado 23 cromos más. ¿Cuántos cromos le faltan para completar la colección?

7 Ayer, Gustavo dio una vuelta en bicicleta a dos circuitos, uno de 2.850 metros y otro de 970 metros. Hoy ha recorrido 3.480 metros. ¿Cuántos metros recorrió ayer más que hoy?

8 Ester quiere comprar dos regalos. Le gustan un reloj de 26 €, unos patines de 18 € y un juego de 19 €. Paga con 50 € y le devuelven 5 €. ¿Qué dos regalos ha elegido Ester?

9 Para hacer una tarta de fresa, Raquel necesita 250 gramos de mermelada. Raquel tiene dos botes, uno de 80 gramos y otro de 90 gramos. ¿Cuántos gramos de mermelada le faltan?

COOPERAMOS

Realizar cálculos con fechas

1. Formad grupos de 4 personas.

Uno para todos

2. Uno de vosotros leerá esta información en voz alta y entre todos comentaréis los datos que aparecen en la ilustración.

El 20 de julio de 1969, el cohete Apolo 11 con tres personas a bordo aterrizó en la Luna. Una de ellas, Neil Armstrong, fue la primera en pisar la superficie lunar.

Tripulantes del Apolo 11

- Neil A. Armstrong, 38 años
- Edwin E. Aldrin, 39 años
- Michael Collins, 38 años

Fechas importantes del viaje

- 16 de julio ▸ La nave despega en EE. UU.
- 20 de julio ▸ La nave aterriza en la Luna.
- 22 de julio ▸ La nave sale hacia la Tierra.
- 24 de julio ▸ La nave ameriza en el océano.

3. Cada uno de vosotros será el encargado de coordinar uno de los cuatro ejercicios que hay a continuación y hará estas tareas:

Leer el ejercicio en voz alta mientras los demás escuchan.

Acordar, entre todos, la manera de resolverlo.

Procurar que todo el mundo colabore.

EJERCICIOS

1. ¿Cuántos días tardó el Apolo 11 en llegar a la Luna? ¿Tardó más en el viaje de ida o en el viaje de vuelta?
2. ¿Cuántos días duró el viaje completo, desde que la nave despegó hasta que amerizó?
3. ¿Cuál de los tres astronautas era en 1969 el mayor? Con estos datos, ¿puedes saber cuál era el más joven?
4. En 2009 se celebraron los 40 años de la llegada a la Luna. ¿Cuál de los tres astronautas era en 2009 el mayor? ¿Cuántos años tenía cada uno de ellos?

4. **TIEMPO PARA HABLAR.** Escoged a un portavoz que explique al resto de la clase vuestras respuestas y cómo habéis llegado a ellas.

¿CÓMO LO HEMOS HECHO? Responde en tu cuaderno.

- ¿Hemos colaborado todos?
- ¿Nos hemos puesto de acuerdo fácilmente?
- ¿Nos hemos sentido cómodos trabajando juntos?

Pon una nota a este trabajo.

En el mercadillo regalan árboles y 8 personas ya han cogido uno.

1 **Observa los números de los pinos y escribe.**

- Su descomposición y su lectura.
- La ordenación de mayor a menor.
- La aproximación a los millares de los dos números menores.

2 **Escribe en tu cuaderno qué lugar ocupan en la fila.**

▶ noveno ▶ … ▶ …

▶ … ▶ … ▶ …

3 **Observa los números de cada grupo de bolas y calcula.**

- La suma de los dos números menores.
- La suma de los dos números mayores.
- La suma de los tres números.

- La diferencia del número mayor y del menor.
- La diferencia de los dos números menores.
- La diferencia de los dos números mayores.

4 **Estima las siguientes operaciones.**

- 67 + 42
- 84 − 58
- 139 + 461
- 742 − 399
- 809 + 685
- 422 − 338
- 3.281 + 4.803
- 6.684 − 5.914

5 **Coloca los números y calcula en tu cuaderno.**

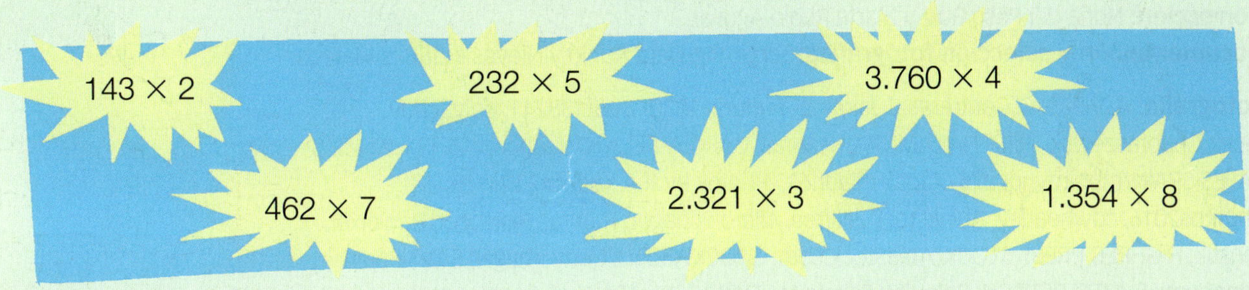

6 **Calca estos ángulos y clasifícalos. Después, mídelos con el transportador.**

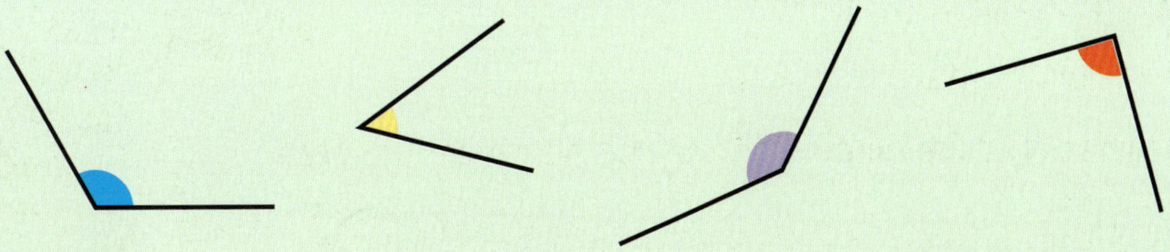

Problemas

7 **Resuelve.**

- El ayuntamiento de un pueblo quiere adornar las calles. Ha gastado 1.250 € en luces y el triple en guirnaldas. ¿Cuánto dinero han gastado en total?
- Unos grandes almacenes han encargado un total de 1.200 velas. Una caja contenía 375 velas rojas, otra caja tenía 459 velas verdes y otra velas amarillas. ¿Cuántas velas amarillas tenía la tercera caja?
- En el pueblo adornaron la plaza con 2.500 luces de colores. Al ponerlas se rompieron 57 rojas, el doble de verdes y 49 azules. ¿Cuántas luces quedaron?
- En el pueblo hay un mercadillo navideño. El viernes lo visitaron 1.800 personas, el sábado vinieron 500 personas más y el domingo lo visitaron 245 personas menos que el viernes. ¿Cuántas personas lo visitaron en total?

Dirección de arte: José Crespo González.

Proyecto gráfico: Pep Carrió.

Jefa de proyecto: Rosa Marín González.
Coordinación de ilustración: Carlos Aguilera Sevillano.
Jefe de desarrollo de proyecto: Javier Tejeda de la Calle.
Desarrollo gráfico: Raúl de Andrés González y Jorge Gómez Tobar.

Dirección técnica: Jorge Mira Fernández.

Coordinación técnica: Alejandro Retana Montero.
Confección y montaje: Alfonso García Cano y Javier Vegas Sánchez.
Corrección: Nuria del Peso Ruiz y Marta Rubio Aguilar.
Documentación y selección fotográfica: Sergio Aguilera Rubio y Nieves Marinas Mateos.

Fotografía: A. Viñas; C. Contreras; J. Jaime; S. Padura; 123RF/ pat138241, dolgachov, Jacek Chabraszewski, RIKA NAKAMURA, scanrail; GARCÍA-PELAYO/Juancho; GETTY IMAGES SALES SPAIN/mbbirdy, loco75, Xacto, mladn61, Photos by R A Kearton, DNY59, Photitos2016, cdwheatley, Thinkstock, jallfree, Allard Schager, Thomas Northcut, Rawpixel, ronstik; HIGHRES PRESS STOCK/AbleStock.com; ISTOCKPHOTO/Getty Images Sales Spain, denphumi; SHUTTERSTOCK; Gelpi JM; Saitek; MATTON-BILD; ARCHIVO SANTILLANA.

Avda. de los Artesanos, 6
28760 Tres Cantos, Madrid
PRINTED IN SPAIN

ISBN: 978-84-141-1186-4
CP: 898486
Depósito legal: M-7918-2018